ASSEMBLÉE GÉNÉRALE

DES PRÉSIDENTS & DÉLÉGUÉS

DES

SOCIÉTÉS AGRICOLES

DE FRANCE

Tenue à Paris, le 29 Mars 1879.

Prix : 1 fr. 50.

DIEPPE

IMPRIMERIE DELEVOYE, LEVASSEUR ET Cie

RUE DES TRIBUNAUX, 7

1879

ASSEMBLÉE GÉNÉRALE

DES PRÉSIDENTS & DÉLÉGUÉS

DES

SOCIÉTÉS AGRICOLES

DE FRANCE

Tenue à Paris, le 29 Mars 1879.

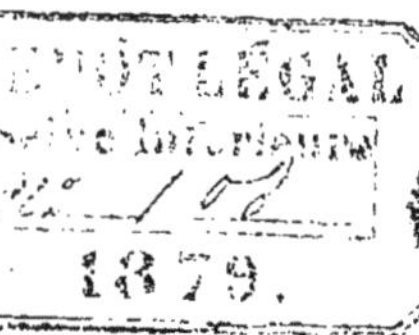

DIEPPE

IMPRIMERIE DELEVOYE, LEVASSEUR ET Cie

RUE DES TRIBUNAUX, 7

1879

La crise agricole dont souffre notre pays depuis plusieurs années est entrée dans une phase nouvelle et certainement imprévue pour beaucoup de ceux qu'elle atteint : elle a pris ces derniers temps un caractère d'intensité telle que les plus optimistes sont obligés d'en reconnaître la gravité.

Des faits nouveaux se sont produits dans l'ordre économique, manifestes, patents, irrécusables, devant lesquels tout esprit non prévenu est forcé de reconnaître que le temps des théories creuses et des décevantes utopies est passé.

Mais nous sommes si mal renseignés sur ce qui se passe à l'étranger qu'on a pu dire, non sans raison, que la découverte de l'Amérique comme puissance agricole et industrielle ne datait chez nous que de quelques années.

Les renseignements les plus authentiques, les chiffres établis sur les documents officiels et consignés dans les rapports des consuls français et des consuls anglais ne peuvent plus laisser la moindre illusion sur la concurrence redoutable que les produits de l'Amérique viennent faire à nos produits nationaux sur nos marchés. L'agriculture française est-elle en état de lutter avec quelque chance de succès contre la puissance agricole des Etats-Unis? — Comparez la valeur de la terre en Amérique et en France, le prix de la main-d'œuvre, l'étendue des propriétés, la fertilité du sol, la nécessité proportionnelle de l'engrais, enfin la part des charges supportées par la terre et l'accroissement des impôts, dans l'un et l'autre pays : la réponse ne vous paraîtra que trop évidente.

Cette situation désastreuse pour le cultivateur français, particulièrement pour le petit propriétaire, à la fois cultivant son propre bien et travaillant comme ouvrier dans une autre exploitation, a préoccupé les Comices de France. Un certain nombre se sont réunis dans les mois de février et de mars dernier.

Le Comice de Dieppe, dès le 15 février, était convoqué sur l'initiative de son Président, M. Estancelin, qui, dans un discours d'une saisissante clarté, exposa l'état de crise de l'agriculture, les causes de cette crise et les moyens d'en atténuer les effets et de les combattre. Après une discussion approfondie, à laquelle prirent part un grand nombre de membres, le Comice de Dieppe adopta les résolutions suivantes, déjà votées deux jours auparavant, par la Société centrale d'Agriculture de la Seine-Inférieure :

1° Aucun traité de commerce ne sera renouvelé ou conclu, mais un tarif général sera établi sous forme de loi;

2° Le Gouvernement devra se préoccuper activement de la fondation d'institutions de Crédit agricole;

3° Les taxes douanières réclamées par l'assemblée seront appliquées à la réduction des impôts indirects qui frappent les objets de consommation, notamment les boissons et les sucres;

4° Dans tous les cas, l'agriculture ne sera pas livrée seule à la libre concurrence des produits étrangers, mais elle sera l'objet de mesures protectrices égales à celles dont bénéficierait l'industrie.

Le 8 mars suivant, dans une nouvelle réunion, il était décidé qu'on prendrait des mesures énergiques et rapides.

Le temps pressait. Les conventions commerciales expirent prochainement. Des négociations sont entamées avec plusieurs puissances européennes. Il importait que l'agriculture fît entendre sa voix et sollicitât l'attention du Gouvernement et des Chambres, absorbés par des préoccupations d'un autre ordre.

Sur la proposition de plusieurs membres du Comice de Dieppe, le vœu suivant fut adopté à l'unanimité, dans la séance du 8 mars, par une réunion fort nombreuse où se rencontraient des hommes de tous les partis et de toutes les opinions, venus pour défendre par leurs efforts communs et par leur action combinée la grande cause des travailleurs français menacés dans leurs intérêts vitaux par une concurrence ruineuse :

« Attendu la crise qui pèse sur l'agriculture et qui chaque jour est plus grande, la nécessité pour les cultivateurs d'aviser aux moyens de remédier à une situation qui devient intolérable ;

» Attendu le dévoûment aux intérêts agricoles, dont M. Estancelin, Président du Comice, a donné les preuves à la tribune de nos Assemblées, comme dans nos réunions ;

» M. Estancelin est prié de vouloir bien se mettre immédiatement en rapport avec ses collègues de toutes les Sociétés d'Agriculture ou Comices de France, pour qu'une réunion de tous les Présidents ou Délégués ait lieu à Paris, le 29 de ce mois ;

» Cette réunion aura pour objet d'exposer les vœux de l'agriculture à M. le Ministre de l'Agriculture, son représentant officiel, d'éclairer les membres de nos assemblées sur la situation faite aux agriculteurs, et de prendre toutes les résolutions nécessaires à cet effet. »

Le 10 mars, une lettre circulaire de M. Estancelin était adressée à tous les Présidents de Comices de France, les convoquant dans une grande réunion à Paris pour le samedi 29 mars et soumettant à leur délibération les quatre articles adoptés par le Comice de Dieppe dans sa séance du 15 février.

G. LATOUCHE.

ASSEMBLÉE GÉNÉRALE

DES

DÉLÉGUÉS DES SOCIÉTÉS AGRICOLES DE FRANCE

Le samedi 29 mars, dans les salons du Grand-Hôtel, à Paris, boulevard des Capucines, 12, s'est tenue l'assemblée générale des Délégués des Sociétés Agricoles de France.

Dès neuf heures et demie, les Délégués des Comices de PLUS DE SOIXANTE DÉPARTEMENTS étaient réunis, s'empressant de répondre à l'appel qui leur avait été fait par le Président du Comice de Dieppe.

L'immense salon du premier étage, dans lequel a eu lieu cette première réunion, contenait environ 500 personnes.

D'un côté étaient assis les Délégués des Sociétés Agricoles; derrière les fauteuils réservés aux membres du bureau, de nombreux invités, parmi lesquels on remarquait : MM. l'amiral de Montaignac, général d'Andigné, général Robert, Le Gentil, de Parieu, de Kerdrel, Daru, Buffet, marquis d'Andelarre, Ancel, Raoul Duval, de Kerjégu, de Moustier, de Soland, de Perrochel, Anisson-Duperron, Philippoteaux, Lorois, prince Victor de Broglie, Benoist d'Azy, Lefebvre-Pontalis, Réaux, Blavoyer, marquis de la Guiche, Dréo, Levaillant du Douët, de Saint-Victor, de la Germonière, Denys d'Audiffret-Pasquier, Cochin, de Champvans, marquis de Saint-Aignan, Récamier, etc.

La présence de plusieurs Députés, appartenant aux différents groupes de la Chambre, prouvait manifestement que cette réunion n'avait aucun caractère politique et qu'il n'y serait question que des intérêts agricoles, c'est-à-dire en définitive des intérêts communs à vingt millions de Français, qui vivent du travail de la terre.

M. Estancelin a ouvert cette première séance en prononçant ces paroles :

Messieurs, avant de procéder à la constitution de votre bureau, je vous demande la permission de vous adresser quelques paroles pour vous indiquer les motifs et le but de notre réunion.

MESSIEURS,

J'éprouve une profonde émotion en prenant aujourd'hui la parole dans cette enceinte, car c'est la première fois que je me trouve en face des représentants officiels les plus autorisés de l'agriculture française.

C'est, en effet, la première fois que, du nord au midi, de l'est à l'ouest, toute la France agricole s'est levée, s'est réunie, sous l'empire des nécessités que nous imposent des dangers communs.

J'ai dû aux résolutions du Comice agricole de Dieppe l'honneur de vous convoquer ; je ne pouvais refuser aux nombreux cultivateurs qui, à l'unanimité, m'ont confié leurs intérêts, de prendre une initiative qui appartenait à plus juste titre aux doyens de l'agriculture française que j'ai sous les yeux.

Mais le temps pressait, il fallait agir :

Votre présence en ces lieux, les nombreuses adhésions qui m'ont été adressées, me prouvent que j'ai bien fait d'obéir aux intentions des agriculteurs d'une partie de la Normandie ; en leur nom, je vous remercie de votre concours à notre œuvre commune (Très-bien ! très-bien ! applaudissements.)

Mais à qui pouvait-on mieux s'adresser pour connaître les souffrances, les besoins, les vœux de l'agriculture, qu'à vous, Messieurs, qui la représentez à si juste titre.

Honorés de la confiance des cultivateurs, investis d'un mandat qui prouve l'estime qu'ils ont pour vous, vivant de leur vie, partageant leurs espérances et leurs déceptions, vous êtes pour ainsi dire les membres d'un parlement agricole qui ne s'était pas encore réuni. (Mouvement.)

Eloignés des brûlantes discussions de la politique, vous ne représentez, il est vrai, que les grands et sérieux intérêts du pays, mais ce sont ceux qui sont immuables sous quelque forme de gouvernement que ce soit (Très-bien ! très-bien !), c'est-à-dire le travail actif et quotidien de ces nombreux cultivateurs et propriétaires qui ne veulent que l'ordre et la paix.

C'est peu de chose peut-être à une époque où le langage des passions trouve tant d'écho, mais c'est quelque chose cependant quand on fait appel au bon sens d'un gouvernement et d'une nation, et comme en définitive un pays vit plus par le travail que par la politique, c'est avec une bienveillante sollicitude, j'en suis convaincu, que le gouvernement écoutera vos vœux.

Oui, il écoutera la voix des représentants de ces sociétés agricoles qui couvrent la France entière et dont je disais dans une brochure que je publiai sur la crise de 1866 les quelques lignes que je vais vous lire :

« Je ne vois dans les comices que des propriétaires, » des cultivateurs, des fermiers ; je ne sais quelles sont » leurs opinions politiques, mais ce que je sais, c'est » que ces terres, ces champs, ces bois, qui couvrent » l'horizon leur appartiennent, que ces fermes dont la » fumée monte au loin vers le ciel abritent leurs familles » et leurs récoltes, que les bœufs qui tracent ces sil- » lons sont conduits par leurs enfants, qu'ils paient de » lourds impôts sous toutes les formes, qu'ils représen- » tent le travail agricole et la propriété et qu'ils ont » quelques droits d'être consultés et entendus sur toutes » les questions qui touchent aux intérêts de la propriété » et de l'agriculture. » (Applaudissements.)

Ce qui était vrai alors l'est encore aujourd'hui, et voilà pourquoi nous sommes réunis ici.

Lorsque l'industrie souffre et que le chômage arrête les usines, de nombreux ouvriers sans travail réunis à la porte des fabriques deviennent souvent un danger pour la paix publique, le gouvernement s'émeut, l'opinion publique s'inquiète, des délégués viennent trouver les ministres, un énergique appel est fait au budget de l'Etat, et on essaie de remédier à un malaise qui peut tourner rapidement à l'état aigu.

Quant aux cultivateurs, hélas ! la situation n'est pas la même ; après avoir dans les marchés constaté l'avilissement de leurs produits, ils reviennent tristement chez eux, tirent de l'épargne des jours plus heureux la somme nécessaire pour payer l'impôt, leurs propriétaires s'ils le peuvent, et attendent patiemment en se ruinant des jours plus heureux ! (C'est vrai ! très-bien !)

Il est temps que cette situation change. (Oui ! oui ! — Très-bien ! très-bien ! — Applaudissements.)

Jusqu'à présent, les agriculteurs, séparés par la nature de leur industrie et par de longues distances, ont été impuissants dans les justes réclamations qu'ils avaient à présenter contre les mesures qui les frappaient, parce qu'ils étaient séparés ; réunis, ils décupleront leurs forces. (Nouvelle approbation.)

Et nous serons les plus forts, car, ne l'oublions pas, messieurs, à une époque où l'on parle tant de la loi du nombre, le nombre — c'est nous, — c'est vous, qui représentez les 19 ou 20 millions de cultivateurs qui chaque jour travaillent à nourrir la nation.

Il y a un proverbe arabe qui dit : « Songe au fils de ton père, car si tu n'y penses pas, personne n'y songera. » Le proverbe est vrai partout, aujourd'hui surtout ; autrefois, nous avions, pour parler le langage de l'Ecriture, *les pasteurs des peuples*, nous pouvions peut-être nous reposer sur eux du soin de nos intérêts ; aujourd'hui qu'ils ont disparu, il faut que nous pensions nous-mêmes à nos intérêts, car personne ne me paraît y songer. (Approbation.)

Sieyès a dit, il y a près d'un siècle, un mot célèbre qui eut alors un grand retentissement : « Qu'est-ce que le Tiers-Etat ? — Rien. — Que doit-il être ? — Tout. » Je n'appliquerai pas à notre situation un mot aussi exclusif ; non, certainement, l'agriculture ne doit pas être tout dans un pays et écraser par la loi du nombre les intérêts des autres classes de la société, mais elle ne doit pas être comme elle l'a été jusqu'ici la victime patiente et résignée des expériences commerciales dont elle supporte les charges accablantes. (Très-bien.)

Non-seulement vous êtes le nombre, mais vous êtes les éléments les plus puissants de la richesse d'une nation, car cette terre que vous fertilisez par vos travaux, c'est, si je puis ainsi parler, la grande caisse d'épargne de la nation.

Le jour où vous lui confiez vos épargnes, vous devez, lorsque vous les en retirez, les trouver augmentées par la valeur de votre travail. Si elles sont diminuées, la richesse publique a diminué dans la même proportion. (Très-bien !)

Mais, la terre! c'est la légitime ambition de tout citoyen! Est-ce que, à vous comme à moi, il n'est pas arrivé d'assister parfois, dans une étude de notaire de village, à un spectacle qui, un jour, me toucha profondément? C'était un vieux berger, avec sa femme, ses enfants; il sortait d'un sac usé, noirci, de vieux écus accumulés patiemment l'un après l'autre, pourquoi? Pour devenir un jour propriétaire! Après avoir signé le papier timbré, ce brave homme, allégé de ses vieux écus, se redressait, le visage radieux; il était enfin propriétaire de son petit champ, de sa vieille cabane! (Mouvement.)

Eh! messieurs, à l'époque où nous sommes, où la démocratie coule à pleins bords, c'est de la belle et bonne démocratie que celle qui cherche et trouve la récompense d'une vie honnête et économe dans la propriété si légitimement acquise! (Applaudissements.)

Il fut un temps, après la révolution de 1848, où je ne sais quels esprits pervertis parlaient de raccourcir les habits pour en faire des vestes; nous, messieurs, nous sommes au contraire de ceux qui veulent allonger les vestes pour en faire des habits. (Très-bien! très-bien!)

Eh bien! c'est par la terre que cette transformation se fait le plus sûrement, c'est par la propriété que vous attachez à l'ordre social tous ces cultivateurs, ces ouvriers, ces paysans qui se disent:

— Un jour viendra où moi aussi je serai propriétaire! (Très-bien!)

Messieurs, quelle est la situation de la propriété? Je n'hésite pas à le dire, elle est aujourd'hui très-menacée; cette épargne si péniblement amassée est compromise; car il existe ce phénomène étrange auquel on n'aurait jamais pu croire si on n'avait eu les chiffres sous les yeux: dans notre France, si riche, si peuplée aujourd'hui, une transformation s'opère, elle fait rougir ceux que je force à constater le fait; d'une part, nos campagnes se dépeuplent, et d'autre part des champs autrefois cultivés restent en friche; là où poussaient les épis, pousse la ronce; là où la charrue traçait son sillon, se promènent les animaux nuisibles! C'est le commencement de la décrépitude d'un peuple: et ce que je vous dis, en voici la preuve: une société importante m'a envoyé ici le procès-verbal de sa dernière séance ; c'est la Société d'Agriculture de l'arrondissement de Verdun. J'y lis ceci : « Les meilleures » terres subissent une diminution d'un quart dans les » prix de vente ou de location, les terres médiocres, » autrefois cultivées avec profit, restent en friche... »

Du côté d'Epernay, on me signale des fermes abandonnées !

Et ce qui se passe dans ce département se passe dans d'autres encore. (C'est vrai !) — (Oui ! oui !) Beaucoup d'entre vous m'ont raconté ce qui avait aussi lieu chez eux, mais j'ai voulu avoir un témoignage officiel sous les yeux.

Et comment peut-il en être autrement ? Vous connaissez mieux que moi tous les chiffres ; je suis obligé cependant d'en citer quelques-uns. Nos importations de 1878 se sont élevées à 1,100 millions et les exportations à 200 millions. Il n'est pas un de vous qui ne sache que la fortune d'un pays c'est la production, que sa ruine est l'importation. Par conséquent, nous sommes sur le chemin de la ruine. (C'est évident ! — Très-bien !)

Ce sont des chiffres ! Notre capital diminue pour payer d'aussi énormes importations et notre production diminue, parce que le cultivateur comme l'industriel ne peuvent plus travailler avec profit.

Cette situation, nous l'avions pressentie depuis longues années et nous avions indiqué le remède.

Déjà, dans le passé, nous avons eu des crises analogues, mais les hommes d'Etat d'alors ont su y remédier. En fouillant dans les archives pour faire des cartouches, si je puis ainsi dire, pour la bataille que nous livrons, j'ai trouvé des documents d'autant plus précieux qu'ils ont été justifiés par une heureuse et longue expérience. C'est la discussion qui a eu lieu en 1822, pour une situation analogue.

En 1821 et 1822, l'agriculture subit une crise terrible ; pour y remédier, le gouvernement s'entoura alors, avec une sollicitude qui faisait honneur aux pasteurs des peuples de cette époque..., (Rires.) de tous les renseignements voulus ; il y eut une discussion très-approfondie, et je vais vous en dire quelques passages très-courts ; mais je les crois absolument indispensables pour rétablir la vérité des faits et des principes.

Voici, dans la séance du mois de juillet 1822, ce que disait M. de Brigode sur la situation de l'agriculture française :

« Partout on entend des plaintes amères, partout le
» laboureur aux abois déclare que si cet état de choses
» se prolonge, il est forcé d'abandonner son exploitation ;
» les propriétaires qui reconnaissent combien cela est
» vrai, sont forcés d'ajourner les baux qu'ils ont à faire.
» Ils prévoient la nécessité d'une diminution forcée dans
» le prix des fermages, ce qui amènera une baisse sen-
» sible dans la valeur de la propriété foncière, et c'est le
» signe le plus évident d'une décadence sociale. »

Ne dirait-on pas, messieurs, que ceci, qui a été écrit il y a 50 ans, est écrit d'hier ? Le gouvernement d'alors prit des mesures et voici ce que disait son rapporteur ; c'est un langage qu'on n'entend plus beaucoup :

« Exposé de motifs du gouvernement. — Aider à
» l'accroissement de la richesse publique en encoura-
» geant et multipliant le travail, source de toutes riches-
» ses, tel est le devoir du gouvernement, telle est aussi
» la pensée qui préside à toutes les lois sur les douanes
» qu'il a successivement provoquées.

» Il n'établit aucune prohibition nouvelle, mais il pro-
» tége plus efficacement contre une concurrence étran-
» gère, devenue trop redoutable, les travaux de nos co-
» lons, l'exploitation de nos usines, la reproduction de
» nos bestiaux qui ne sauraient rester en souffrance sans
» dommage pour notre agriculture dont elle est le plus
» indispensable élément.

» Si votre sol, si votre industrie peuvent vous fournir
» les objets de votre consommation, favorisez-en l'ex-
» ploitation et la fabrication, et préférez-les à ceux de
» l'étranger. »

Voilà, messieurs, un langage éminemment français et patriotique : « Préférez le travail de vos indigènes et de « vos nationaux au travail des étrangers ! » (Bravos et applaudissements répétés.)

Alors, comme aujourd'hui, il y avait des esprits chagrins qui annonçaient que ce que présentait le gouvernement était marqué au coin de la folie, et un député, M. de Beauséjour (il a peut-être des parents ici), je n'entends pas l'attaquer, mais c'est de l'histoire — qualifiait d'*absurde* et de ruineux pour le commerce, le projet du gouvernement.

Or, messieurs, il s'est produit ce fait singulier : en 1851, le gouvernement a fait faire une enquête dans tous les départements, particulièrement dans ceux du Nord, enquête motivée par la crise qui sévissait à ce moment sur l'agriculture, et partout est mentionnée la loi de 1822 comme le point de départ de la transformation heureuse de l'agriculture pour notre pays.

Qu'était-ce donc que cette loi ? — C'était une loi de douanes frappant de droits les produits étrangers qui écrasaient alors la production française. — Voilà donc ce qui s'est passé en 1822.

Ces recherches sur une question vraiment nationale m'ont permis, en étudiant les travaux dont je vous parle, de faire des découvertes assez précieuses. J'ai trouvé le principe du libre-échange dans le rapport de M. de Bourienne.

En voici quelques lignes seulement qui seront pour vous un commencement d'indication économique de la transformation de l'Angleterre.

« L'Angleterre, entrée depuis longtemps dans la voie
» des prohibitions et des tarifs protecteurs, est arrivée
» à un si haut degré de prospérité qu'elle cherche à mo-
» difier son système prohibitif et, qu'enrichie par ce
» système *elle a une tendance à l'abolir*. — Eh ! bien,
» Messieurs, attendons que ce système nous ait élevés à
» ce degré de prospérité, de richesse, de puissance, que
» l'on envie à l'Angleterre ; nous serons toujours à
» temps de quitter la route qui nous y aura conduits. »

Voilà, Messieurs, je le répète, un langage essentiellement français et vraiment politique, un langage que les événements ont justifié ; ce ne sont pas là de ces théories sans fondement sérieux dont on peut dire qu'autant en emporte le vent, c'est de l'histoire ancienne et vraie !

C'est là, du reste, la force de tous les principes vrais, ils peuvent être obscurcis pendant un certain temps. Mais si l'on suit de faux principes, il arrive un jour où ils se développent dans toutes leurs conséquences ; vous pouvez vous en rendre compte aujourd'hui (Approbation.)

Le principe du libre-échange, vous le voyez, Messieurs, naître en Angleterre ; il se développe. Mais vous connaissez la question aussi bien que moi ; je passe donc rapidement, et j'arrive à la grande séance du 6 février 1846, dans laquelle sir Robert Peel établit aux yeux du pays, la nécessité du libre-échange en se basant sur ceci :

« Une étendue de côtes plus grande, en proportion » de notre population et de la superficie de notre sol, » que n'en possède aucune autre nation, nous assure la » force et la supériorité maritime. — Le fer et le char- » bon, ces nerfs de l'industrie, donnent à nos manufac- » tures de grands avantages sur celles de nos rivaux. » Notre capital surpasse celui dont ils peuvent disposer. » Notre caractère national, les institutions libres sous » lesquelles nous vivons nous placent à la tête des na- » tions qui se développent mutuellement par le libre- » échange de leurs produits?

» Est-ce là un pays qui doive redouter la concur- » rence ? »

..... Nous sommes les plus forts, donc vive le libre-échange !! (Applaudissements.)

Voix nombreuses. — Très-bien ! c'est cela !

M. Estancelin. — Vous voyez, Messieurs, ainsi que je vous le faisais remarquer à l'instant, le développement mathématique d'un principe dont vous suivrez les conséquences !

Mais nous avons marché et nous voilà en 1860 ; on a fait des traités de commerce, puis des conventions ; l'agriculture s'est plainte, une enquête a été faite, des monceaux de papiers se sont accumulés, puis les événements sont venus dont la voix sinistre a étouffé celle des agriculteurs et celle des publicistes qui se battaient alors sur des questions de théorie !!

Eh ! Messieurs, un malade ne périt pas toujours immédiatement ! Il vous est arrivé souvent, dans la vie privée, de voir un médecin vous indiquer l'état d'un malade, en vous disant : « Vous voyez cet individu qui se » promène ? — Eh bien, il est frappé à mort. — Ah ! » par exemple, répondiez-vous, comme son visage est » riant !.... » Puis les mois se passaient et quand vous rencontriez votre médecin : « Eh bien docteur, votre » malade se porte toujours bien ! » et le docteur secouait la tête tristement ! Enfin, arrivait un jour, à la chute des feuilles, où le malade disparaissait !

Il en est de même de l'industrie. Quand les gens intelligents comprennent qu'elle est frappée, elle peut se traîner, se soutenir encore quelque temps, mais il arrive un jour où elle succombe.

— Ce temps est arrivé pour nous, à la suite d'un phénomène qui était prévu déjà par les esprits clairvoyants. Je vous demande de me pardonner le mot clairvoyant, parce que j'allais parler d'une publication que j'ai faite en 1866 ; je disais, en parlant de l'Amérique : « Il y a » là un inconnu qui me préoccupe, un point noir à » l'horizon qui me paraît gros d'orage ; la guerre de la » sécession finie, quelles en seront les conséquences? »

Les produits d'Amérique ne nous arrivaient pas encore, mais le remarquable rapport de M. Foucher de Careil nous avait permis déjà de pressentir le danger.

Les économistes en riaient au coin de leur foyer, et quand on parlait de l'invasion des blés américains, ou de l'arrivée de bestiaux américains on faisait des gorges chaudes et l'on disait que les protectionnistes avaient peur, plus que de leur ombre, de l'ombre de leur ombre !

Un jour cependant les faits se sont produits, brutaux comme le sont les faits. — Il n'y a rien à dire à cela : voilà de la laine lavée à 1 fr. 50 ou 1 fr 75, voilà du cochon à cinq sous la livre, voilà du blé, voilà des bestiaux..... d'où cela venait-il ?... Alors, Messieurs, on fut bien embarrassé ; on a cherché, on a dit : « Diminuez » les frais de la production, augmentez les engrais. » On s'est retourné de toutes les manières possibles, on a voulu fuir l'évidence qui était là, palpable.

Or, Messieurs, les importations d'Amérique, vous les connaissez, vous les avez sous les yeux, je ne vous dirai pas de chiffres ; mais cependant il est bon que vous vous rappeliez que pendant que les importations atteignaient à peine 500 millions en 1877, elles arrivaient à près d'un milliard en 1878 !

Enfin, il y a un fait, c'est qu'on peut acheter du lard

américain aujourd'hui à 25 centimes la livre, 30 centimes au plus, et que l'élevage du cochon, ce bœuf du petit cultivateur, cette ressource des petits ménages, ce produit important dans les grandes fermes des pays à beurre et à fromages, est maintenant sans valeur.

C'est une perte considérable ! dans combien de chaumières une bonne truie n'a-t-elle pas apporté une aisance relative ; cette ressource est aujourd'hui perdue !

Je vous demande pardon du mot que j'ai employé, mais... (*Voix diverses.*) Très-bien ! très-bien ! au contraire. Parlez ! nous ne sommes pas si délicats ! (Applaudissements.)

Aujourd'hui, Messieurs, on conduit encore ses cochons au marché, mais le plus souvent on les en ramène !

Les cultivateurs sont atteints d'une manière incontestable dans un de leurs produits les plus certains.

La laine, les graines oléagineuses, ne donnent plus des profits suffisamment rémunérateurs ; le nombre de nos moutons qui était de 30,386,223, n'est plus, d'après le dernier recensement, que de 23,937,336 ! Que d'engrais disparu, que de terres insuffisamment fumées ! L'Australie est couverte de plus de 60,000,000 de moutons et sa population n'est pas du cinquième de celle de la France !

Le pétrole qui sert à tout aujourd'hui (Mouvement), remplace, dans une foule d'usages, les huiles végétales ! La culture du lin si importante dans tant de départements, est presque abandonnée !

Les vins d'Espagne et d'Italie qui entrent en France maintenant coûtent à produire 30 ou 40 % meilleur marché que ceux de nos pays et sont plus chargés d'alcool, de là les plaintes si justement fondées des viticulteurs du Midi, si cruellement atteints par le phylloxera !

Que lui reste-t-il donc ? Les céréales ?

Vous savez qu'elles sont vendues aujourd'hui au-dessous de leur prix de revient !

J'ai entendu l'autre jour — je me permettrai de l'appeler d'un nom bien connu — le Pouyer-Quertier de l'agriculture, M. Marc Dehaut, dans un langage admirable de clarté et de logique, dépeindre les souffrances des producteurs de céréales (S'adressant à M. Pouyer-Quertier) : Je vous demande pardon de la familiarité de ma comparaison, mais vous êtes une personnalité dont notre pays s'honore (Nombreux applaudissements), et j'espère que si M. Dehaut est ici, il me pardonnera aussi... (M. Dehaut se lève, et est salué par une salve d'applaudissements.)

Je suis charmé qu'il ait pu entendre le juste et légitime hommage que je rendais à ses services et à son talent ; j'étais encore sous le souvenir de la précision avec laquelle il nous montrait que le blé était le résultat du travail quotidien de l'homme des champs, le prix de sa journée; que quand le blé diminuait de valeur, les journées de cet homme diminuaient dans la même proportion, et qu'on lui volait son temps, si par de mauvaises lois on contribuait à l'avilissement des prix ! (C'est cela ! très-bien ! très-bien !)

Ce petit cultivateur est frappé dans ses cochons, dans son blé, que lui reste-t-il? rien, rien ! — Au gros cultivateur il reste encore quelque chose : c'est de pouvoir manger ses troupeaux et de tâcher de sortir le plus promptement possible d'une situation fâcheuse en abandonnant les fermes; pour le petit cultivateur, c'est la misère qui s'avance !

Pour remédier à une telle situation, qu'est-ce que l'on vous propose ?

On nous dit que cette crise est transitoire, temporaire... Et d'abord est-elle transitoire? est-elle temporaire? — Pas le moins du monde ! Les documents qui nous arrivent tous les jours établissent qu'elle n'ira qu'en s'aggravant, parce que les réservoirs d'où viennent les produits qui inondent nos marchés sont inépuisables, parce que nous ne sommes séparés de ces greniers que par le fret, par le prix des transports. Il tend à s'amoindrir chaque jour par les perfectionnements de la science qui diminue la dépense de combustible, par les aménagements des vaisseaux qui permettent de faire des transports à très-bon marché. Ainsi, par exemple, pour envoyer un troupeau de bœufs d'Amérique en Angleterre, relativement à la distance, le fret ne vous coûtera presque rien parce que le bâtiment est chargé dans l'entrepont de matières encombrantes et lourdes, et que l'on met les bestiaux sur le pont.

En un mot, comme je le disais, nous ne sommes séparés de ces immenses greniers que par le fret, et c'est un obstacle illusoire aujourd'hui par sa modicité.

Maintenant, dis-je, quel est le remède qu'on nous propose à cet état de chose? des traités de commerce, c'est-à-dire, dans la situation où nous sommes, la ruine à bref délai de l'agriculture française; elle est déjà bien menacée, mais si un traité la lie, pendant un certain temps, qui peut me répondre de l'avenir, qui peut dire à quel degré d'avilissement tomberont les produits de notre sol? Nous ne pouvons pas savoir quelle sera la durée de la crise ; nous pouvons voir seulement quelle est aujourd'hui son intensité et être convaincus qu'elle ira toujours en augmentant... et c'est dans cette situation que l'on vient nous demander de nous lier, de lier le gouvernement ! Ah ! Messieurs, il me revient un mot que j'ai prononcé à la tribune il y a dix ou quinze ans, dans une situation presque identique, en parlant des traités, c'est que ce ne sont pas des traités commerciaux, mais bien des traités politiques sous une forme commerciale ! (Très-bien ! bravos et applaudissements). Nous savons ce que nous ont coûté ceux auquels je faisais alors allusion. Dieu veuille qu'en ce moment il ne soit pas question d'en refaire de pareils ! (Nouvelles marques d'approbation).

Voilà pourquoi, Messieurs, j'ai obéi à la volonté qui m'a été manifestée, par les cultivateurs de mon pays, c'est que nous disions carrément la vérité sur notre situation, sur la position de l'agriculture ; il faut dire hautement au pays comme au gouvernement ce que l'on croit être juste et vrai, il n'y a qu'en exposant les faits dans toute leur brutalité, dans toute leur force que l'on peut porter remède au mal !

J'ai été chargé d'une enquête, en 1851, sur la question maritime ; j'ai visité l'Angleterre, l'Ecosse, les côtes de France ; j'ai écouté les pêcheurs anglais et les armateurs français, et chacun disait ouvertement ce qu'il voulait, sauf ensuite au gouvernement à modifier ce qu'il pouvait y avoir d'extrême dans les réclamations et dans les demandes. — De même, Messieurs, c'est à nous qu'il appartient de dire ce que nous pensons. Quand nous nous sommes prononcés contre les traités de commerce, c'est que nous avons compris que nous n'étions pas en situation d'en faire. — Ce que je vais vous dire ne pourra pas blesser votre patriotisme, car nous parlons tous le même langage des lèvres et du cœur; aussi je déclare que c'est avec tristesse que je vais parler. Sommes-nous en état de faire des traités avec l'Europe ? — On traite lorsque l'on est de force égale, eh bien, sommes-nous en situation de le faire ?... Je n'insiste pas.

M. Dréo, député du Var. — Je demande la parole. (Mouvement).

M. Estancelin. — Je m'empresse de dire que je ne parle absolument qu'au point de vue économique, et que trouver ou chercher dans mes paroles aucune allusion politique serait aussi contraire à ma pensée qu'à son expression. J'ai toujours et partout laissé à la porte de nos réunions agricoles les questions politiques, et si mes concitoyens, à l'unanimité, m'ont confié un mandat qui me vaut aujourd'hui l'honneur de vous présider, c'est que j'ai toujours pris soin de ménager les légitimes susceptibilités des convictions politiques. (Très-bien ! très-bien!)

Je serais désolé qu'il pût en être autrement ici ; ce serait tout-à-fait opposé à mes intentions.

J'examine uniquement la situation économique où nous sommes en face de l'Europe et j'allais parler du traité de Francfort ; c'est ce qui vous explique les précautions de mon langage. Je disais donc que malheureusement nous ne sommes pas libres de traiter comme nous le voudrions pour défendre nos intérêts comme cela serait nécessaire parce que nous sommes liés par ce traité qui assure à la Prusse le droit d'être traitée comme la nation la plus favorisée.

Que la Prusse demain relève ses tarifs, ce qui paraît fort probable, nous serons obligés de les subir ; au contraire que d'autres les abaissent pour faire des traités, nous serons obligés de souffrir les conséquences de ces modifications ; si elles sont partagées par nous, la Prusse en profitera donc sans réciprocité ; nous sommes obligés de faire ce qu'ils auront fait, c'est-à-dire de passer par les combinaisons financières où on voudra nous faire passer. Nous demandons donc la suppression des traités de commerce.

Mais, alors, on dit : le commerce le demande ! Ah ! Messieurs, on ne parle plus de l'industrie, parce qu'aujourd'hui elle parle comme nous, mais on parle du commerce. Mon Dieu, je respecte infiniment le commerce, mais le commerce ce n'est pas une industrie absolument nationale. J'ai retrouvé dans le rapport de M. de Bourrienne, 9 avril 1822 :

« Le commerce en général, cosmopolite par situation et par intérêt, repousse des droits qui portent sur les objets de ses spéculations et diminuent ses profits.

» Forcé de s'adresser à l'industrie intérieure, il gagnera moins peut-être, mais le pays y gagnera plus.

» Il ne faut pas oublier que tout ce qu'un peuple produit et consomme est un élément d'aisance et de prospérité nationales ; que tout ce qu'il consomme, par échange, est encore favorable ; que tout ce qu'il achète avec de l'argent l'appauvrit. Un Etat n'est jamais assez riche pour payer tout avec de l'argent. »

Messieurs, les intérêts du commerce, de l'industrie et de l'agriculture ne se ressemblent pas du tout ; j'ai traité toutes ces questions à la Chambre, il y a une dizaine d'années, je les ai suivies dans leurs intimes replis, et j'ai vu que les trois-quarts du temps — il y a des exceptions — le commerce est un individu ayant des capitaux, les faisant fructifier par les échanges qui lui passent dans les mains, que ce soient des produits anglais, français ou autres. Je suis convaincu que son patriotisme lui ferait préférer les produits français, mais si les produits qui passent par ses mains lui donnent plus de profits en venant de l'étranger, qu'en sortant de France, il préférera toujours ce qui lui fera le plus de profit. (Très-bien ! c'est vrai !)

Un jour, un député du Havre apporte à la tribune une pétition et, avec beaucoup de confiance, il annonce à ses collègues qu'il vient de déposer une pétition signée, je crois, par 84 maisons de commerce de la place du Havre. Une autre personne, que j'avais cru voir ici tout à l'heure, mais qui est peut-être partie, me fait un signe, un billet m'est passé, et je lis que sur les 84 maisons 74 sont étrangères ! (Rires.)

M. Barbey. — Le renseignement est parfaitement exact, c'est moi qui vous ai envoyé ce billet.

M. Estancelin. — Alors, Messieurs, au moment où on venait d'annoncer que 84 maisons de commerce des plus importantes de la ville du Havre protesteraient contre la dénonciation des traités de commerce, je me lève, et je dis tout simplement : J'aurai l'honneur de faire remarquer à la Chambre que sur ces 84 maisons, 74 sont étrangères. Comme vous le pensez, cela a diminué un peu la valeur de l'argument qui était présenté. (Rire général).

M. Barbey. — Voulez-vous me permettre de compléter le renseignement? Il y a au Havre à peu près 600 maisons qui s'occupent en ce moment de commerce ; il y en a plus de 200 étrangères et cette situation est due aux traités de commerce de 1860.

M. Estancelin. — Par conséquent, vous le voyez, Messieurs, voilà un renseignement parfaitement authentique, exact. Donc, quand on vient dire : des chambres de commerce, des maisons de commerce demandent des traités, je vous dis qu'elles défendent des intérêts absolument différents des nôtres pour vos populations, et c'est pour moi l'essentiel, il faut que la lumière se fasse ; il vous faut bien leur dire que les maisons de commerce ont des intérêts tout à fait distincts des leurs, il faut que ce soit parfaitement établi de façon qu'on ne nous jette plus dans les jambes cet argument que les maisons de commerce, que le commerce enfin demande autre chose que ce que nous demandons. (C'est vrai ! très-bien !)

Maintenant, il y a encore autre chose qui arrête quelquefois de très-bons esprits, c'est la polémique de la presse.

J'ai toujours été un homme libéral, je comprends les discussions dans la presse, mais depuis un certain temps les discussions changent de nature ; au lieu d'étudier honnêtement, loyalement les questions comme nous devons le faire les uns et les autres, on insulte les agriculteurs... (Oui ! oui ! c'est vrai !) en leur prêtant des sentiments qui ne sont pas les leurs (Applaudissements), qui ne sont pas les vôtres, à vous qui dans vos pays êtes entourés de l'estime de tous et que l'on traite d'accapareurs ; on les accuse de vouloir organiser la famine.

Non ! non ! il y a pour moi une consolation, c'est que

jamais l'encre dans laquelle se sont mouillées ces plumes-là, n'a été une encre française ; c'est de l'encre anglaise payée par les guinées du Cobden-Club (Applaudissements répétés.)

Je lisais, ces jours passés, dans un journal important, un article économique, fait par un écrivain connaissant bien les éléments de la question, mais qui, cependant, contenait de singulières erreurs : après avoir constaté que la production des céréales irait toujours en grandissant aux Etats-Unis, et que l'accroissement de la production de viande suivant une progression identique, nos cultivateurs se trouveraient dans l'impossibilité de faire du bétail d'une façon rémunératrice, il ajoutait : il faut que l'on fasse du tabac et des betteraves !

Pour faire des betteraves, et surtout du tabac, il faut du fumier, beaucoup de fumier, pour faire du fumier, il faut du bétail et beaucoup de bétail. — Or, si vous n'avez plus de bétail et plus de paille, avec quoi ferait-on ce tabac national qui doit faire renaître l'agriculture épuisée (Hilarité générale).

Le hasard, l'été dernier, m'a rendu témoin d'une petite scène qui pourrait servir de réponse à ces singulières espérances ! Elle est un peu gauloise, mais, entre gens de campagne, nous pouvons nous passer une historiette un peu risquée.

C'était au bord de la mer, un vieux patron de barque disait à un jeune matelot d'aller lever ses filets : « Mais je n'ai pas déjeuné lui dit l'autre ! » « Eh bien ! mon » garçon, si tu n'as pas déjeûné, serre-toi le ventre, et » fume une pipe, ça reviendra au même ! (Hilarité générale).

C'est ce qu'on dit à l'agriculture : « Serre-toi le » ventre et fume du tabac ! » (Nouveaux rires et applaudissements).

Après la plaisanterie, la réponse sérieuse ; je la trouve dans une brochure très-intéressante, publiée par un agriculteur des plus distingués, M. Pluchet, dont le nom est connu de tous. (Applaudissements).

« Lorsque l'économie politique nous dit : le pays veut » la paix à bon marché, l'agriculture peut répondre avec » une ferme conviction : Vous l'aurez chez nous et par

» nous, si vous favorisez la culture, par la production de
» la laine, et vous aurez, par surcroît, la viande, car
» l'élevage du mouton développe la culture du blé et de
» l'avoine, en même temps qu'il assure l'abondance de
» leurs récoltes, etc. Le système contraire, c'est l'aban-
» don des intérêts agricoles, c'est le retour forcé, inévi-
» table à la jachère. »

Voilà la vraie réponse d'un cultivateur sérieux. Faites d'abord du bétail, et pour le faire, il faut qu'il soit vendu avec profit, sinon, on n'en fera pas, et le plus petit tabac du monde poussera maigre et chétif dans une terre sans fumier, car je ne sais comment vous vous y prendriez pour faire du tabac, quand vous n'aurez plus de bétail pour faire du fumier. (Très-bien ! très-bien !)

Vous connaissez, — je n'ai pas besoin d'entrer dans le détail, — l'importance des importations américaines, la quantité de bestiaux qui arrivent ; ce matin même, on m'a remis une traduction d'un article du *Times* d'hier, dans lequel les éleveurs américains se plaignent des mesures prises par l'Angleterre qui a découvert la péripneumonie chez tous les bestiaux qui arrivaient sur pied chez elle (Rires). Cela s'appelle une découverte anglaise ; les Anglais n'en font que comme cela ; ils découvrent la péripneumonie dans le bétail, la trichine dans les viandes, et alors ils disent : nous sommes parfaitement partisans du libre-échange, mais comme la péripneumonie et la trichine ne sont pas comprises dans le libre-échange, nous revenons aux rigueurs prohibitives. (Hilarité générale).

J'aimerais beaucoup les Anglais, si j'étais Anglais ; j'ai beaucoup vécu dans ce pays, mais, franchement, c'est un rôle assez triste que d'être obligé de convenir que nos voisins voient plus clair que nous ; il faut voir aussi clair qu'eux. Nous ne pouvons donc pas nous associer à toutes les mesures proposées dans ce moment pour le rétablissement des traités de commerce. Le mouvement qui a protesté contre eux est général ; il est porté du centre à la circonférence, et il est revenu de la circonférence au centre.

La grande Société des agriculteurs de France, ouverte à toutes les bonnes volontés et composée d'hommes si éminents et par leur intelligence et par leur haute situation, a donné l'exemple ; dans cette Société vous trouverez à la fois de grands agriculteurs, des industriels et des savants qui apportent leurs projets dans ce que j'appellerai ce vaste conseil d'Etat de l'Agriculture ; ils sont discutés, élaborés et puis, si je devais compléter la comparaison parlementaire, vous seriez comme le parlement qui les sanctionne par la pratique. Cette Société a donné le mouvement ; d'autres sociétés ont marché et se sont ralliées ; nous avons, nous, à un moment donné, pensé qu'il était temps que toutes les sociétés agricoles de France fassent de même et viennent dire au gouvernement quelle est votre situation ?

Il ne s'agit pas ici de sociétés particulières, accessibles à tous venants.

C'est l'agriculture tout entière qui est ici, c'est de tous les points de la France, l'agriculture qui s'est levée.. (Oui.! oui !). Je me suis rendu il y a deux jours, chez M. le président de la République. J'ai trouvé chez cet honnête homme, chez ce républicain sincère et digne du poste qu'il occupe par sa sollicitude pour les intérêts du pays, j'ai trouvé chez lui l'accueil le plus bienveillant ; c'est un homme extrêmement frappé des vérités que je lui ai dites, et qui fera dans la limite que lui permet sa position tout son possible pour remédier à une situation que nous déplorons. (Très-bien ! applaudissements.)

Messieurs, je crois avoir à peu près tout dit : J'ai établi à grands traits la situation qui est faite à l'agriculture ; nous avons maintenant à semer la bonne parole, à la répandre un peu partout. Vous allez tout à l'heure commencer vos travaux.

Avant de m'asseoir, il me revient à l'esprit un dernier souvenir : je serai très-court. Un jour, à la campagne, j'ai reçu la visite d'un homme qui a joué un grand rôle dans son pays, un homme d'Etat des plus connus. Il m'a dit un mot qui est toujours resté profondément gravé dans mon esprit et qui m'a toujours servi de guide dans ma vie : « Retenez bien ceci, on n'abandonne jamais que les hommes ou les gouvernements qui s'abandonnent ! »

Pas plus que les hommes ou les gouvernements, les sociétés ne doivent s'abandonner.

Vous qui représentez les grands intérêts sociaux les

plus respectables, les plus sérieux du pays, vous ne les abandonnerez pas ! Songez que vous représentez ces classes honnêtes, laborieuses, souvent si négligées, qui, soit qu'elles vivent sous le sceptre d'un roi, soit qu'elles s'abritent sous le drapeau de la République, travaillent, prient et se battent pour le bonheur et l'honneur de la France ! (Applaudissements).

Quand vous retournerez au milieu d'elles, après avoir fait ici tout ce que vous aurez pu pour éclairer le gouvernement, les ministres, les membres des Chambres qui sont venus à cette réunion, avec une sollicitude dont nous les remercions, écouter nos discussions, ce jour-là, messieurs, vous rentrerez chez vous, comme il convient à d'honnêtes gens qui ayant fait ce qu'ils peuvent, ont fait et feront toujours tout ce qu'ils doivent. (Très-bien ! très-bien ! — Bravos et applaudissements répétés). L'orateur est félicité par un grand nombre de membres de l'assemblée.

M. Estancelin. — Messieurs, nous avons à procéder à la constitution du bureau, et à la nomination du président.

Voix nombreuses de toutes parts. — M. Estancelin ! M. Estancelin !

Plusieurs membres. — Vous êtes désigné par acclamation ! (Applaudissements).

M. Estancelin. — Je vous remercie de l'honneur que vous me faites et je vous demanderai alors, Messieurs, la permission de vous présenter quelques noms pour m'accompagner ici ; j'ai parlé tout à l'heure de M. Dehaut, assurément, sa place est ici (Applaudissements) ; M. Pluchet. (Nouveaux applaudissements) ; maintenant M. Boulanger représente un comice important du département du Nord, M. de Kerjégu, la Bretagne, M. d'Andelarre, le centre de la France.

Plusieurs membres. — M. de Dampierre !

M. le Président. — M. de Dampierre ?

M. de Dampierre. — M. de Dampierre n'est pas seul, il a l'honneur d'être président de la Société des agriculteurs de France, et il vous demande la permission de rester ici comme membre de cette réunion ; vous êtes convaincus de l'attention profonde qu'il mettra à écouter ce qui sera dit. La Société des agriculteurs est d'ailleurs bien représentée, puisque ce sont ses vice-présidents que vous avez appelés auprès de vous.

MM. Dehaut, Pluchet, Boulanger, de Kerjégu, et d'Andelarre prenent place au bureau.

M. LE PRÉSIDENT. — Messieurs, j'ai à vous communiquer divers documents qui ont un certain intérêt pour vous. Outre les adhésions que j'ai reçues en grand nombre, j'ai reçu la lettre suivante de la Société d'Agriculture des Bouches-du-Rhône.

« En présence de la situation déplorable qui est faite à l'agriculture méridionale et de la crise aiguë qu'elle traverse, nous ne pouvons monsieur et cher collègue, que nous associer à votre pensée. »

Voilà donc Marseille qui s'associe à nos plaintes. Le département du Var m'a aussi chargé de parler en son nom. La Société de Toulon me charge de vous transmettre ses doléances et finit en me disant ceci : « Nous vous donnons pleins pouvoirs pour développer les doléances de l'agriculture. » A cela est jointe une lettre d'un des plus grands agriculteurs de la Provence qui dit, actuellement, pour ne parler que du Midi, il est certain que le Nord peut formuler les mêmes plaintes : Nous sommes écrasés par la concurrenee étrangère.

Les vins d'Espagne et d'Italie, chargés d'alcool, les huiles d'Italie, les primeurs de ces deux pays paralysent chez nous toutes les transactions et découragent les grands et petits propriétaires qui ont fait face à des charges augmentant sans cesse et cela au moment ou le phylloxéra détruit tous nos vignobles.

Il est désespérant de voir nos gouvernants traiter avec autant d'indifférence les questions capitales.

Maintenant, voici le département des Vosges : « Je ne pourrai me rendre à la réunion du 29 mars. Mais le comice s'associe énergiquement à tout ce que vous tenterez pour empêcher le renouvellement des traités de commerce et obtenir une protection équitable pour les produits de l'agriculture et de l'industrie française. »

Puis, la Société d'Agriculture du Puy (Haute-Loire) : « Je m'associe personnellement et sans aucune réserve à ce que vous tenterez. »

Voici ce qu'on m'écrit de Nîmes : « Je ne sais pas si le président de ce Comice est venu... »

Un membre. — Vous venez de parler des Vosges, vous avez cité une lettre d'un des Comices de ce département. Je représente les Comices de deux arrondissements. Neufchâteau et Mirecourt, dont les avis diffèrent sur un point. Je suis donc obligé de faire des réserves.

M. le Président. — Je suis heureux de pouvoir constater votre présence. Voici la lettre de la Société d'agriculture du Gard, du Comice agricole de Nîmes : « Déjà notre association s'est prononcée pour la protection : elle a pensé que notre agriculture méridionale comme l'agriculture française en général avait un droit égal à la protection. »

Nous passons à l'Isère : « La Société d'agriculture de Grenoble a décidé qu'elle adhérait aux articles 1 et 4 du programme du Comice de Dieppe.

Vous pourrez donc parler en notre nom sur ces deux articles : ils sont au surplus le fond de la question, et même nous vous demandons de le faire, car aucun de nous n'est libre et ne peut aller à votre réunion.

Je ne vous lirai pas tout : c'est toujours à peu près la même chose ; voici le Comice de Sens (Yonne), qui dit : « J'adhère aux résolutions du Comice agricole de l'arrondissement de Dieppe. »

De Rethel et Sedan, même adhésion.

Le Comice agricole d'Angers, « adhère pleinement aux résolutions du Comice de Dieppe. »

Je passe rapidement. Le Comice de Chinon, m'écrit qu'il regrette de ne pouvoir venir, mais qu'il y a un délégué chargé de le remplacer.

Voici une lettre de l'Association des Agriculteurs de la Mayenne :

« Comme tous les Comices du département de la Mayenne qui ont délibéré sur cette grave question, le Comice de Sainte-Suzanne s'est prononcé à une grande majorité, pour qu'il soit établi des droits de douane, à l'importation des produits agricoles. »

Il y a ici, je crois, des délégués de la Mayenne !...

Saint-Girons. — « Le Comice agricole que j'ai l'honneur de présider gémit de la crise cruelle que traverse l'agriculture. Nous trouvons, Monsieur, que l'agriculture est trop peu secondée, pour ne pas dire abandonnée. »

Plusieurs membres. — Passez ! citez seulement les noms, les adhésions.

M. le Président. — Rochechouart, la Loire-Inférieure, Comice de Nantes....

Une voix. — Le délégué de la Loire-Inférieure est présent.

Un membre. — On pourrait procéder ultérieurement au dépouillement de cette correspondance pour en dégager les adhésions et les avis.

M. le Président. — Parfaitement, mais ces adhésions sont assez importantes. Je laisse de côté une foule de lettres ; ainsi, voici ce que dit le comice de la Loire-Inférieure : « Voici que le gouvernement abandonne le principe des traités de commerce et leur substitue un tarif général de douanes. » (Très-bien !)

Voici encore d'autres comices, qui ont des représentants ici. Par conséquent, si la discussion commence, nous allons pouvoir leur donner la parole. J'ai eu l'honneur de vous envoyer une circulaire dans laquelle étaient contenues les délibérations du département de la Seine-Inférieure. Ces délibérations, je pense, doivent servir dans ce moment de base à notre discussion, sans nuire de quoi que ce soit aux propositions d'une autre nature que pourront avoir à présenter les représentants des comices ou des sociétés agricoles. Nous avons pensé que nous devions nous grouper sur ces points là ; ceux qui nous suivront dans cette voie, nous en serons charmés ; quant aux autres, chacun conserve sa liberté d'action, et nous n'avons pas la prétention d'étouffer l'initiative des sociétés particulières qui ont à un point de vue spécial des observations à présenter. Mais sur les principes généraux, nous pensons qu'on peut se grouper et c'est pourquoi je vous ai envoyé un programme qui a été accepté par les cinq sociétés de la Seine Inférieure. Avant de commencer la discussion, je donne la parole à M. Dréo, qui l'a demandée tout à l'heure.

M. Dréo. — Messieurs, je suis au nombre des députés que vous avez bien voulu convier à vos réunions. J'y suis venu pour m'éclairer, et nullement dans l'intention de prendre part à la discussion. Si tout à l'heure j'ai interrompu votre honorable président, M. Estancelin, c'est qu'il me semblait que ses paroles avaient besoin d'explications. Ces explications, il les a données, et je m'en déclare satisfait ; mais j'ai une autre observation à faire, puisque vous avez bien voulu m'accorder la parole. Je ne discute pas le fond de la question, je ne suis pas à même de pouvoir le faire, car je ne m'attendais pas à prendre la parole au milieu de vous ; je venais ici uniquement pour m'instruire. Membre de la commission du tarif général des Douanes, je tenais à entendre les raisonnements qui pouvaient être produits de part et d'autre ; je savais que je ne pourrais qu'y gagner, car alors même qu'on ne partage pas les opinions émises, il est bon de les écouter si l'on veut connaître à la fois le fort et le faible des questions. Eh bien, il y a une observation de M. le président qui m'a entraîné à l'interrompre. Je veux parler du moment où il a peint les souffrances de l'agriculture sous de si sombres couleurs que ses paroles ont peut-être dépassé tellement son intention...

Voix nombreuses. — Non ! non !

M. Dréo. — Qu'il m'a été impossible de l'entendre sans protester, parce que je crois que nous n'avons rien à gagner à assombrir la situation, à exagérer les souffrances. A mon sens, notre honorable président les a beaucoup exagérées. (Non ! non !) Messieurs, je ne veux pas rentrer dans la discussion, je le répète, mais je ne veux pas qu'on puisse dire qu'un député a assisté à votre réunion et a entendu peindre la situation sous ces couleurs sans protester contre ce que j'appelle une exagération. (Non, au contraire, c'est la vérité !) Vos intérêts sont surexcités, je le comprends ; je les estime et les respecte; mais, permettez-moi de vous le dire, au-dessus de vos intérêts si légitimes qu'ils soient, il y a quelque chose qui domine, c'est l'intérêt national.

Une voix. — C'est nous qui sommes la nation !

M. Dréo. — Vous ne pouvez pas faire abstraction des intérêts généraux et compromettre peut-être la situation du pays en exagérant le mal que vous souffrez. (Bruyantes dénégations.)

Une voix. — On n'exagère pas, vous le savez bien !

M. DRÉO. — Encore un mot, Messieurs, un mot seulement, car je le sens, je ne serais pas écouté si je continuais à parler. (Mais si ! parlez !)

M. LE PRÉSIDENT. — Ce que vous avez déjà dit prouve le contraire, M. Dréo ; l'assemblée peut ne pas partager votre avis, mais vous aurez la parole tant que vous voudrez. (Approbation.)

M. DRÉO. — Je n'avais qu'un mot à dire sur le premier point, je l'ai dit : je n'ai qu'un mot à dire sur le second, et je vous demande la permission de le terminer. Je dis qu'il y a eu exagération. (Dénégations.) C'est mon opinion, vous ne pouvez pas m'empêcher de le dire ; si l'occasion s'en présente, peut-être le ferai-je aujourd'hui. Je ne suis pas en mesure de le faire, mais je suis un — modeste, c'est vrai, — propriétaire foncier ; toute ma fortune est en terres ; je connais l'Ouest, car j'en suis ; je connais le Midi, car j'ai l'honneur de représenter le département du Var et je suis bien certain, je vous affirme, que c'est nier l'évidence ; moi qui sais à quoi m'en tenir, moi qui suis cultivateur, qui cultive avec des fermiers, par association, il y a une exagération évidente ; car depuis 1860 nous savons à quoi nous en tenir, nous autres propriétaires, vendant nos produits, j'ai vendu, moi, des bestiaux en foire, et je sais ce que c'est ; il n'est pas possible de laisser passer cela, de laisser dire que l'agriculture est morte, que les terres vont être en jachères, que les animaux nuisibles vont remplacer la charrue, que les ronces vont pousser là où venait le blé, comme disait tout à l'heure M. le Président...

Une voix. — C'est vrai !

M. DRÉO. — Voyons, Messieurs, ne tombons pas dans ces exagérations, car vous nuiriez à votre cause. — Depuis 1860, au contraire, vous le savez bien, les baux ont doublé. (Exclamations et rires.) Je parle de l'Ouest. (Bruit.) Je n'insiste pas, Messieurs, mais vous ne m'empêcherez pas de savoir ce que je sais et de le prouver au besoin, et, du reste, c'est si palpable que cela n'a pas besoin de démonstration, c'est l'évidence ! Je suis en relation avec la population rurale ; il y a eu des souffrances, il y en a eu beaucoup parce qu'il y a eu de mauvaises récoltes depuis trois ans ; il y en a surtout dans le Midi, parce que nous avons là deux fléaux qui nous ravagent, le phylloxéra et la sécheresse ; il y a ces deux fléaux combinés qui nous ruinent et je ne sais pas quelle est la protection qui pourrait y remédier. En un mot, je dis ceci : Il ne faut pas exagérer les choses, les intérêts agricoles sont sacrés, et nous devons les protéger, quelles que soient nos opinions, que nous soyons partisans des traités de commerce ou hostiles ; je veux qu'il soit dit au début de cette discussion qu'à la Chambre, quelle que soit l'opinion qu'on y représente, que l'on soit libre-échangiste ou protectionniste, il y a un sentiment qui domine tout cela et que je tiens à produire ici, c'est le sentiment de respect, de protection, dans le bon sens du mot, des intérêts de l'agriculture, des intérêts vitaux, primordiaux de notre pays. (Très-bien !) Membre de la commission du tarif général des douanes, j'ai plus de réserve que qui que ce soit à garder ici ; je dois seulement ici m'instruire et garder la discussion pour une autre enceinte...

M. Philippoteau. — Je demande la parole.

M. Dréo. — Mais, je le répète, quel que soit votre sentiment, aux uns ou aux autres, pour le libre-échange ou contre, nous n'avons qu'un but, donner satisfaction à l'intérêt général du pays, à l'intérêt de l'agriculture. Ce sentiment, ce désir ne se traduira peut-être pas chez tous de la même façon, mais il existe, et dans ces conditions, il faut que nous ayons le respect les uns et les autres, de nos convictions.

M. le Président. — L'honorable M. Dréo, dans le meilleur des langages, m'a cependant dit une chose un peu dure à entendre ; il a parlé d'un sentiment d'exagération ; vous avez protesté, mais je demande à l'assemblée de me rendre justice. Parmi les membres présents, que ceux qui veulent bien croire que j'ai exagéré le tableau, lèvent la main.

(Personne ne vote. — A la contre-épreuve toutes les mains sont levées.)

M. le Président. — L'Assemblée décide qu'il n'y a pas eu exagération. J'ajouterai un seul mot. L'honorable M. Dréo a parlé du Midi. Voici ce qu'a écrit précisément le président du comice de Toulon, département du Var, que représente M. Dréo :

« L'Italie et l'Espagne produisent à 40 0/0 meilleur marché le vin, l'huile, et tous les produits agricoles.

« D'autre part, malgré le traité récent, fait ou à faire, avec l'Italie, les vins de cette contrée, grâce à cette clause de puissance des plus favorisées, continueront à entrer en France au taux dérisoire de 30 centimes, tant que le traité de commerce avec le Portugal ne sera pas expiré. »

Je ne donne pas lecture de la lettre, mais elle se termine en me priant de me faire l'interprète des doléances de l'agriculture en vous.

La parole est à M. Philippoteau.

M. Philippoteau. — Messieurs, je m'attendais moins encore que mon collègue M. Dréo à prendre la parole, et si je viens demander à dire un mot, c'est que je fais aussi partie de la commission générale du tarif des douanes. Je n'ai pas le droit de dire ce qui s'y passe, mais — avant le vote que vous avez émis à l'instant, — je voulais vous adresser une prière ; je ne voulais pas dire : il y a eu exagération dans le tableau qui vous a été présenté tout à l'heure ; j'avoue que c'était pourtant un peu ma pensée, mais ceux qui veulent — non pas de la protection, mais des droits compensateurs pour l'industrie et l'agriculture, rencontrent de grandes difficultés ; vous le savez tous. Le moyen de les aider à les vaincre, c'est d'éviter l'exagération. Je vous en prie, je ne reviens pas sur un vote qui a été unanime. Je ne me permets pas de contester le sentiment de la réunion, mais lorsque vous aurez à demander l'appui de la commission des tarifs et celui du gouvernement, ayez la bonté de ne citer que des faits rigoureusement exacts : tâchez que les chiffres..... (Bruit...) Je vous demande pardon ; il m'est difficile de parler ici, mais ce que je dis est dans l'intérêt de l'agriculture. Je représente le comice de Sedan ; il vous adresse des demandes qui peuvent se traduire par ceci : établir un droit sur le bétail, sur le blé, tant qu'il n'aura pas atteint le chiffre de 30 fr., établir un droit sur les laines ; voilà ce qu'on désire dans mon pays, mais le moyen d'obtenir quelque chose — c'est une simple prière que je vous adresse, — n'exagérez pas ; quant aux traités de commerce, réfléchissez-y, car je crois que l'opinion publique est favorable aux traités. (Dénégations.) Je ne parle pas de la réunion, je parle de ce que j'ai entendu dans une autre enceinte. Je vous en prie, voyez s'il n'y a pas moyen de concilier les traités de commerce avec des droits qui seraient établis en faveur de l'agriculture. Ayez la bonté d'étudier cela sans la passion que les souffrances peuvent faire éprouver dans ce moment, et je vous le répète, évitez toute exagération dans les chiffres que vous pourrez traduire. (Très-bien ! très-bien !)

M. LE PRÉSIDENT. — La parole est à M. de Kerjégu.

M. LOUIS DE KERJÉGU. — Messieurs, l'honorable M. Dréo, propriétaire dans le Midi et dans l'Ouest, est douloureusement ému de l'exagération des plaintes de l'honorable M. Estancelin.

Propriétaire, et de plus cultivateur dans l'Ouest, je suis aussi très-douloureusement ému, mais de l'intensité des souffrances déniée par M. Dréo, et j'ose dire que ses fermiers seraient, comme moi, bien heureux, s'il nous démontrait autrement que par la négation de nos souffrances, la prospérité que nous a, dit-il, procurée la législation libre-échangiste de 1860 et s'il nous indiquait seulement le moyen de produire, quelque part en France, l'hecto de froment à moins de 21 fr., et les 100 kilog. de *poids vif* de bœuf de boucherie à moins de 80 fr. et même de 90 fr. (Très-bien ! très-bien !)

Non, elles ne sont point exagérées les plaintes de M. Estancelin, mais elles sont de salutaires avertissements pour chacun de nous, Messieurs, et un patriotique cri d'alarme, car les trente millions et plus de froment expédié d'Amérique en Europe, en 1878 ne sont point une invasion accidentelle ; nous savons que les emblavures de 1879, en Amérique, sont d'un sixième supérieures à celles de 1870.

Nous savons que des centaines de milliers de bœufs, de qualité déjà très-appréciée au Havre et à la Villette, vont arriver d'Amérique prochainement en Europe.

Nous savons que la production du porc, richesse incontestable du moyen et du petit cultivateur en France, est déjà impossible par le débordement des salaisons américaines.

Nous savons que saindoux, suifs, beurre frais, peaux

fraîches et sèches, écorces de chêne, envahissent les marchés d'Europe.

Nos plaintes ne sont point exagérées et de même que des frontières bien fermées sont nécessaires à la défense du territoire, des frontières industrielles et agricoles ne le sont pas moins, autrement nous serons et à court délai littéralement ÉCRASÉS.

C'est un duel dans lequel nos épées sont de moitié moins longues que celles de nos rivaux, et en praticien je vais par des faits le prouver aux agriculteurs de cabinet. (Très-bien.)

En Amérique, l'hectare s'achète 50 fr., il coûte en France de deux à trois mille francs, soit à 3 0/0, prix le plus élevé, d'arrentement un loyer par hectare de . . . . fr. 60 à 90

Nos terres, tristement surmenées, absolument infécondes sans engrais, en exigent dans un rendement de 15 hectos, pour . . . . fr. 100 à 150

fr. 160 à 240

Voilà une charge de 11 à 12 fr. par hecto, dont la production américaine est et demeure affranchie, aussi longtemps que les immenses étendues de terres exubérantes de fécondité dans le Farwest s'ouvriront aux pionniers américains qui les attaquent, les mécanisent et en extraient la richesse avec l'énergique efficacité d'un outillage tout puissant fonctionnant à la vapeur, qu'interdit absolument en France le morcellement des héritages grandissant, à ce point, qu'ils seront dans peu de générations pulvérisées, c'est-à-dire inexploitables.

Oui, le blé que l'Américain peut, en gagnant plus ou moins, nous livrer au Havre, à moins de 24 fr. et même de 20 fr. les 100 kilog., nous ne pouvons le produire même avec les rendements de plus de 25 hectos obtenus par la culture rationnelle de l'éminent agriculteur M. Fiévet, à Masny, à moins de 24 à 26 fr. les 100 kil., en raison de l'augmentation de la main-d'œuvre d'une part, de celle des impôts, et disons-le, de celle des engrais auxiliaires, très-précieux, mais surélevés de prix si fortement que MM. les marchands ne laissent aux cultivateurs que les yeux pour pleurer. (Mouvement.)

Notre prospérité, à nous, cultivateurs de blé, n'a donc été depuis 1860 qu'une boursouflure, et finalement une déception, car l'augmentation de nos charges atteint celle de nos rendements, et le prix du blé n'a pas changé.

Le prix de la viande a doublé, c'est vrai pour le consommateur, mais cela est inexact pour le producteur écrasé par l'accroissement de ses charges !

A qui s'adressera-t-on pour réduire le prix de revient.

Au loyer? Mais le capital ne produit en terres que 3, que 2 1/2, que 2 0/0.

L'argent ne recherche pas la terre à ce taux !

S'adressera-t-on au fermier.

Ah ! Messieurs, si l'ouvrier manufacturier, qui gagne de 5 à 10 fr., peut momentanément supporter une réduction de salaire, ne songez à rien demander au fermier, car il gagne si peu que lui, tout à la fois chef et le plus laborieux ouvrier parmi toutes les catégories d'ouvriers, il gagne moins que son serviteur ; que son serviteur, Messieurs, qui jadis vivait et mourait près de lui, était *domesticus*, homme de la maison, membre de sa famille et qui, aujourd'hui, l'abandonne souvent au moment de ses récoltes. (C'est vrai, c'est vrai.)

Non, les plaintes de l'agriculture française ne sont point exagérées, et le dépeuplement de ses campagnes n'en témoigne que trop ; ne nions et ne dissimulons point l'extrême gravité de l'état général et profond de toutes nos forces productives agricoles; signalons au contraire par un cri d'alarme, une situation si alarmante, car ce ne sera pas trop des efforts de tous pour modifier des conditions qui sont devenues un péril national.

Sécurité, qui seule attire les capitaux, crée et développe le crédit par la confiance ;

Instruction, qui féconde le capital ;

Vie et mœurs laborieuses, qui constituent l'épargne et la ménagent;

Législation soucieuse des intérêts nationaux, voilà ce qu'il faut envisager comme pouvant nous relever et nous garantir contre la révolution que produit l'apparition, la découverte agricole de l'Amérique devenue exportatrice, presque sans limites, de produits naturels et manufacturés, lui coûtant 1/2, 1/3, 1/4 moins chers que leurs similaires en Europe. (Très-bien ! Très-bien !)

M. Mariage (Nord). — Messieurs, un honorable préopinant disait tout à l'heure que l'opinion publique se prononçait en faveur des traités de commerce. Je prétends, moi, que si le tarif général tel qu'il est proposé était accepté par les Chambres, les pays qui nous entourent seraient complètement désintéressés des traités de commerce, attendu que les sommes portées dans ce tarif sont la plupart du temps celles qui figuraient dans les tarifs conventionnels. Une fois ces chiffres admis, il se trouvera qu'au lieu de pouvoir faire des traités de compensation, on n'aura plus besoin de rien nous demander et on sera dispensé par conséquent de rien nous accorder. On disait tout à l'heure : si vous voulez que l'agriculture soit prospère, permettez lui de faire de la betterave, du sucre, de l'alcool, etc. Avec le tarif général proposé, on arrivera à ne plus pouvoir faire de betteraves ni d'alcool, et je vais le prouver. Pour le plus féroce libre-échangiste (Hilarité générale) ; oui, je répète le mot, pour le plus féroce libre-échangiste, il n'est pas possible de soutenir qu'on peut laisser le tarif général tel qu'il est proposé sans ruiner complètement l'industrie sucrière et celle des alcools. J'ai bien le droit lorsqu'on vient me proposer un traité de commerce ou un tarif général, de regarder au-delà de la frontière et de voir dans quelles conditions on y fabrique les produits similaires. — Je parle du sucre et de l'alcool parce que je suis dans cette industrie-là ; d'autres parleront du blé et du bétail. — Je regarde donc au-delà de la frontière et je me demande dans quelles conditions le sucre et l'alcool y sont produits. Je ne parleaai pas du charbon qui est à meilleur marché en Allemagne et en Belgique. Je laisserai de côté la main-d'œuvre, c'est la seule chose que nous puissions abaisser désormais pour diminuer notre prix de revient et je suppose que les libre-échangistes ne veulent pas influer sur cette catégorie de dépense. Eh bien, de l'autre côté de la frontière, en Belgique, en Hollande, en Allemagne surtout et en Autriche, le sucre et l'alcool sont frappés par un impôt intérieur comme ici, et tout naturellement, il y a un remboursement à la sortie toutes les fois qu'on en exporte. Nous avons donc le droit d'étudier cet impôt intérieur; à cet égard vous savez ce qui se passe et je n'aurai pas à insister beaucoup. On a invoqué tout à l'heure le nom de M. Pouyer-Quertier ; heureusement, nous l'avions trouvé à une certaine époque comme défenseur de la sucrerie, et nous espérons que lorsque prochainement nous aurons de nouveau besoin de lui, nous le retrouverons encore. (Applaudissements répétés).

Si vous voulez me le permettre, je ferai l'exposé à grands traits de la législation intérieure, pour les sucres et les alcools, dans les quatre pays que j'ai cités et qui sont nos plus redoutables concurrents.

En Belgique, en apparence, le droit sur les sucres se paie comme en France, c'est à dire sur la densité du jus ; oui, mais cette densité une fois constatée, le fabricant est quitte envers la régie, personne n'a plus le droit de voir s'il fait plus de sucre que la prise en charge ; or, les procès scandaleux qui ont eu lieu le prouvent, il n'y a rien de plus vénal qu'un employé de la régie dans ce pays-là (rires), c'est écrit dans les journaux ; et quand l'employé de la régie dit 4 vous pouvez être sûrs que la densité est 5, qu'elle est 4 quand il dit 3 ; et à cet égard il y a toute une organisation pour que l'impunité soit acquise à la fraude. C'est du reste un moyen industriel ; c'est trop souvent sur la fraude que la fabrication du sucre est basée en Belgique. (Hilarité). Aussi, quand un produit dans ce pays est sensé avoir payé 45 fr. d'impôt, ce n'est pas vrai, il n'a la plupart du temps payé que la moitié ; cependant quand on envoie en France ou ailleurs un sac de sucre, on reçoit 45 fr. en remboursement. Ce sac rapporte seulement 22 50 de plus au fabricant belge qu'à nous ! Et nous n'aurions pas le droit de nous défendre ? A cet égard, je suis convaincu que les libres-échangistes diront eux-mêmes que nous avons raison. En Allemagne, on paie sur la betterave : c'est encore pire. Toute betterave mise en œuvre paie. Sont-elles toutes pesées ! nous n'en savons rien, nous en doutons fort ; mais alors même que cela aurait lieu, un des membres les plus éminents de la Société des agriculteurs, M. Jacquemart a démontré qu'alors que le rendement, base du droit, était censé être de 8 ou 8 50, il est en réalité de 11 ; et en Autriche on a trouvé qu'il était quelquefois de 22, ce qui prouve, je crois, que toutes les betteraves ne sont pas comptées.

Dans ces pays-là, donc, un sac de sucre produit est censé avoir payé l'impôt ; mais cela n'est pas vrai, et cependant, quand il sort du pays, on rembourse au fabricant cet impôt. N'avons-nous pas le droit de nous défendre, je le demande, contre un pareil système ?

Il en est de même pour l'alcool. En France, tout alcool produit doit payer. En Belgique, en Allemagne, en Autriche, c'est sur la cuve matière que l'on paie. Il y a une évolution préventive des quantités produites. Eh bien ! comme pour les sucres, on ne paie pas pour la quantité vraie. Et qu'arrive-t-il ? Cela permet de nous faire une concurrence désastreuse non-seulement sur le marché français, mais sur le marché anglais qui est notre principal débouché ; car nous devons exporter, puisque nous produisons plus que nous ne consommons. En fin de compte, ces gens-là, qui produisent plus que nous et à meilleur marché par les causes que j'indiquais, nous font une concurrence ruineuse et nous réduiront à la mendicité. Je suis heureux qu'il y aït ici des députés qui font partie de la commission des tarifs généraux, car s'ils sont venus, comme ils l'ont dit, pour s'éclairer et s'instruire, Dieu merci, ils en entendront de belles et ils pourront s'instruire (Rires), et ils sortiront d'ici, j'en suis convaincu, avec une autre conviction que celle qu'ils avaient quand ils sont entrés. (Applaudissements.)

M. Aveniez (Loire-Inférieure). — Je ne veux dire qu'un mot sur cette question. Je suis d'accord avec l'honorable membre qui vient de parler, mais c'est à la commission des tarifs de douane qu'il doit dire cela. Nous n'avons à nous prononcer ici que sur la question des traités de commerce et des tarifs. Discutons cette question et prouvons, ce qui est facile, que les traités de commerce qu'on veut faire, que le traité franco-américain, notamment, sont également la ruine de notre fabrication de sucre et d'alcool. On s'imagine que les Américains, avec un droit de 35 fr. par hectolitre, ne vont pas nous inonder d'alcool, tandis que nous autres nous paierons 145 fr. Nous recevrons de l'excellent alcool de grain, et même de vin. C'est donc ceci qu'il faut discuter. Il faut trouver quels traités de commerce peuvent être pernicieux.

Maintenant, si nous arrivons à avoir un tarif général, je vous ferai remarquer que le danger n'est pas aussi grave, car un tarif général ne nous lie pas pour plusieurs années. Mais ce qui serait terrible au point de vue général, comme au point de vue agricole, ce qui serait la perte de l'agriculture, ce serait de vous lier d'une manière certaine pour un long délai, en présence d'un avenir inconnu. Si nous sommes liés pour dix ans, l'agriculture sera morte dans deux. (Très-bien! très-bien.)

M. LE PRÉSIDENT. — Il y a quelque chose de vrai dans ce que vient de dire notre collègue; mais M. Mariage nous a dit des choses tellement intéressantes que quoiqu'elles ne fussent pas absolument à leur place, elles ont été parfaites à entendre et qu'il a très-bien fait de les dire. Je l'en remercie. Maintenant, je demande, pour l'ordre de la discussion, que nous allions progressivement. Nous arriverons aux questions spéciales quand nous discuterons les chiffres des tarifs. Je pense que nous devons d'abord poser les grands principes et après cela nous discuterons les détails, car je crois que nous aurons plusieurs séances. (Approbation.) Dans ce moment, il y a un grand principe qui est en question : c'est de savoir si nous devons accepter ou repousser les traités de commerce. Il serait désirable que la discussion portât sur ce point seulement.

M. MARIAGE. — Je crois, qu'en principe, nous devons repousser les traités de commerce et surtout cette fatale clause de la nation la plus favorisée. Que ceci soit bien entendu. Si d'avance il était convenu que cette clause ne sera plus insérée, peut-être changerions-nous d'opinion, car c'est là ce que nous craignons. En effet, pour ne pas insister non plus sur la situation malheureuse à laquelle on a fait allusion tout à l'heure, je rappellerai seulement qu'au lendemain du traité de Francfort la sucrerie s'est trouvée en présence de cette clause qui a produit une véritable invasion de sucres allemands. Quand on a fait le traité, on n'y avait pas songé, mais les vainqueurs ont été en droit, le lendemain, d'invoquer ce fameux article et de nous apporter du sucre avec la surtaxe la moins élevée. Il y a donc deux questions : celle des traités de commerce, celle de la clause de la nation la plus favorisée. On peut être d'opinion que les traités de commerce sont bons, mais on peut être en même temps d'avis que la clause que j'indique est néfaste. (Approbation.)

M. LE PRÉSIDENT. — Quelqu'un demande-t-il la parole ?...

Un membre. — Je la demande pour une simple observation. Je regrette que les cartes d'invitation ne nous aient pas prévenus d'avoir déjeuné avant la séance. Il est midi ; il vaudrait mieux avoir une autre séance cette après-midi.

Voix. — Suspendons la séance !

M. LE PRÉSIDENT. — Messieurs, la proposition qui vous est faite a peut-être eu de l'écho dans vos estomacs. (Rires approbatifs.) Quand on parle d'aller déjeuner, en général à cette heure la discussion s'en ressent et est écourtée. Nous pourrons aborder cette après midi les questions très-graves que nous avons à traiter. A une heure, si vous le voulez bien, nous reprendrons la discussion.

Plusieurs membres. — A une heure et demie (Adhésion.)

M. LE PRÉSIDENT. — Nous nous réunirons à une heure et demie dans le salon du rez-de-chaussée.

La séance est suspendue.

SÉANCE DU SOIR

La séance est reprise à une heure et demie.

M. Estancelin, président. — Nous reprenons la discussion engagée ce matin. Quelqu'un demande-t-il la parole ?

Un membre. — Monsieur le président, nous vous serions reconnaissants de faire connaître à l'assemblée les noms des orateurs qui demandent la parole, cela nous serait utile et rendrait plus claire la discussion.

M. le Président. — Volontiers, votre observation est très-juste.

M. Thibaut, vice-président du Comice agricole de l'arrondissement d'Orléans. — Messieurs, au début de cette séance, je tiens à remercier M. Estancelin, qui a bien voulu provoquer cette réunion dans l'intérêt de l'agriculture qui peut enfin élever sa voix ; je tiens aussi à remercier les délégués qui ont répondu à l'invitation de M. Estancelin, et c'est à eux que je m'adresse, car c'est d'eux que peut venir le bien. L'industrie souffre, l'agriculture est malade ; Messieurs les députés que nous avons vus ce matin, seront peut-être désireux de leur venir en aide. En venant en aide à l'agriculture, on viendra en aide à l'industrie, car l'industrie vit par l'agriculture. L'agriculture a besoin qu'on lui vienne en aide à cause de la main-d'œuvre ; cette main-d'œuvre est chère ; on ne peut pas produire le blé à moins de 21 fr. l'hectolitre, il faut que nous puissions élever nos prix de main-d'œuvre. En élevant ces prix, nous pouvons espérer reprendre à l'industrie des ouvriers qui nous font défaut. Nous demandons que les Chambres veuillent bien nous accorder des droits compensateurs. (Très-bien !)

M. Dartois, membre du comice agricole de Joigny (Yonne), prononce quelques mots qui ne parviennent pas au bureau.

M. le Président. — Voudriez-vous parler un peu plus haut ?

M. Dartois. — Messieurs, je crois que dans les circonstances où nous nous trouvons, on doit agir avec beaucoup de mesure, car si l'on protège le producteur, on ne doit pas oublier, en apparence au moins, qu'on ne protége pas le consommateur. L'administration, après avoir recueilli les avis qui seront émis dans cette réunion et dans d'autres, aura le soin de décider ; elle travaille, elle sait, elle élabore. Ce matin, on a parlé des agriculteurs de plume. Messieurs, reconnaissons les services qu'ils nous rendent ; ils travaillent dans le cabinet, c'est vrai, mais leur science n'est pas inutile ; et nous tous, après nos rudes travaux des champs, ne sommes-nous pas un peu des agriculteurs de plume ? Ne rentrons-nous pas dans nos cabinets pour mettre par écrit le résultat de notre travail, et ne faisons-nous pas un peu comme le négociant, en soumettant à une comptabilité le résultat de nos opérations ? Cette année, l'introduction des blés américains a produit une très-vive émotion, et cependant le prix du blé est resté à 26 et 27 fr. les 100 kilog.

Voix. — Pas du tout ; c'est une erreur complète ! — 23 fr. -- 24 fr. 50. — de 22 à 27 fr. Voilà les chiffres à Saint-Nazaire !

Plusieurs membres. — Laissez parler !

M. le Président. — Veuillez permettre à l'orateur de continuer ; les chiffres seront discutés.

M. Dartois. — Et je rappelle qu'en 1865, les blés français, bien qu'ils n'eussent pas à craindre la concurrence des blés américains, sont tombés au-dessous de 21 fr. Il est certain que l'introduction des blés américains a produit une baisse considérable, et que les agriculteurs français, après une année mauvaise, n'ont pas retiré de leurs produits, de leur blé, l'argent qu'ils avaient le droit d'en espérer, mais d'un autre côté les blés américains introduits en France ont fourni une large part que n'aurait peut-être pas suppléée une hausse du blé. On nous présente l'avenir sous de sombres couleurs ; on nous dit : l'Américain ne paie pas de loyer de terre ou très-peu, il ne paie pas d'engrais ; il se contente d'un labour superficiel, puis avec des machines puissantes il moissonne, lie et ramasse. Et, produisant des chiffres à l'appui de cette assertion, on dit : le blé américain, sur le lieu de production, revient à 7 fr., rendu à la cote 11 fr. ; au total, sur wagon français, 20 fr. ; d'autres chiffres, qui ont été publiés, montrent l'avenir moins sombre. De quel côté est la vérité? Il me semble qu'avant de conclure, il serait nécessaire qu'une enquête fût faite sur les lieux, pour vérifier ces faits.

Le modeste comice de Joigny, auquel j'ai l'honneur d'appartenir, n'abandonne pas la protection du blé ; il a cherché à la mesurer et, dans sa dernière réunion, il disait : Le blé français, sous forme d'impôt, paie à l'Etat des droits que l'on peut, jusqu'à un certain point, assimiler à des droits d'entrée. Allant plus loin, il a cherché à établir le montant de ces droits, et prenant pour exemple la culture de 3 hectares par un petit propriétaire, il disait : trois hectares de terrain de 2e classe, revenu 78 fr., donnent, imposition foncière 20 fr., imposition personnelle et mobilière 14 fr., imposition des portes et fenêtres 10 fr. Total 44 fr. L'hectare produit moyennement dans la localité dont je parle 18 hectolitres, mais il faut en retrancher 2 pour la semence, reste donc 16, en présence de 44 fr., soit pour l'hectolitre 2 70 à peu près et l'hectolitre pesant 75 kil , les 100 kil. paieraient 3 fr. et quelques centimes.

Le comice de Joigny disait : N'y aurait-il pas une certaine équité à appliquer aux blés étrangers un droit à peu près égal à l'impôt que les blés indigènes paient à l'Etat. (Très-bien ! très-bien !) Telles sont les conclusions du comice de Joigny, que je suis chargé de représenter. Je suis moins brave que le comice et je disais : Que l'administration étudie les moyens de nous ménager avec les puissances voisines, par des traités, des moyens d'échange, des voies d'échange aussi favorables que celles qui sont accordées aux autres nations pour des produits similaires et la question des blés ajournons-la pour plus ample informé. Mais revenant à la proposition du comice de Joigny, je dirai : « le comice demande que les blés étrangers soient frappés à leur entrée d'un droit égal aux impôts que les blés indigènes paient à l'Etat. » (Vive approbation !)

M. le Président.— Nous avons entendu de très bonnes choses, mais je vous demanderai la permission de rétablir l'ordre dans la discussion sur les articles qui sont l'objet de la communication que j'ai eu l'honneur de vous faire. Il est évident que vous êtes tous éclairés sur les questions qui nous ont été soumises, et que nous applaudissons aux excellentes choses que nous avons entendues, parce que c'est l'expression de la vérité; mais nous sommes obligés d'abréger nos discussions, parce que nous retiendrions ici beaucoup de ces Messieurs, qui, après nous avoir donné une preuve de zèle en venant, ont autre chose à faire que rester à Paris. Il nous faut donc reporter la discussion sur l'article 1er. Nous passerons rapidement aux autres, et quand nous arriverons à la question des tarifs, on verra, en examinant les différents objets, les moyens à prendre pour se mettre d'accord, ce qui pourra arriver puisque le principe général sera admis d'abord. Le 1er article de la résolution prise par la Société agricole de la Seine-Inférieure est ainsi conçu : « Aucun traité ne sera renouvelé ou conclu ; mais un tarif général sera établi sous forme de loi. »

La parole est à M. Dehaut.

M. Dehaut. — Messieurs, je dois, naturellement, en commençant, remercier M. le président des paroles beaucoup trop flatteuses qu'il a prononcées sur mon compte ce matin, et toute l'assemblée de la bienveillance avec laquelle elle m'a appelé au bureau. Je crois que c'est pour moi l'obligation de vous apporter toute ma pensée sur la question qui est depuis trente ans l'objet de mes réflexions et de mes études constantes. Dès 1860, j'ai lutté par la parole et par l'écrit contre les traités de commerce; je sais ce qu'il m'en a coûté. Nous venons aujourd'hui examiner cette même question. Je me permettrai de vous dire que si je ne suis pas, d'une façon absolue, le partisan des traités de commerce, et il s'en faut, je ne vous demanderai pas non plus, — dans la société où nous sommes et en vue des intérêts considérables que nous devons sauvegarder — de les proscrire d'une manière absolue. Entendons-nous bien; il y a, en fait de tarifs douaniers, deux choses : il y a ce que l'on peut demander comme droit fiscal et ce qu'on peut demander comme droit protecteur ; ce qu'on peut demander comme droit fiscal, c'est-à-dire la représentation à faire payer par les étrangers, de ce qui est la compensation des droits que nous payons nous-mêmes à notre pays (très-bien), c'est-à-dire leur participation au budget de la France (c'est cela ! très-bien !); cela doit toujours être posé en dehors de toute espèce de traité de commerce. (Applaudissements.)

C'est là notre premier point. (Oui ! très-bien !) C'est le point que j'ai eu l'honneur de soutenir devant la Société des Agriculteurs de France il y a un mois, et qui a reçu son approbation. C'est le point que j'ai soutenu devant la commission du tarif des douanes de la Chambre des députés, au nom de la Société des Agriculteurs de France, et je voudrais, Messieurs, que ce fût le premier point consacré ici. J'y verrais d'abord une marque de sympathie et de collaboration entre notre réunion d'aujourd'hui et la Société des Agriculteurs de France, car nous ne sommes qu'une même chose ! (Très-bien ! et applaudissements.)

Nous sommes sur un champ de bataille où il faut que toutes les divisions marchent ensemble; marchons donc ensemble. Le premier point serait donc d'imposer, en dehors de toute espèce de traité de commerce, le simple droit compensateur qui n'est autre chose que la participation de l'étranger venant sur notre marché aux charges que nous payons nous-mêmes pour jouir de ce marché. (Approbation.)

Car enfin, ce marché, qu'est-ce qui le fait? C'est notre budget. Qu'est-ce qui paie nos routes, nos ports, nos chemins vicinaux? C'est notre budget, même celui des prestations en nature. Or, quand un sac de blé, arrivant de n'importe où, produit dans n'importe quel pays, je ne le cherche pas, vient descendre sur les quais du Havre, il faut qu'il paie ces quais sur lesquels on le dépose ; quand il prend le chemin de fer ou la route, il faut qu'il paie la voie sur laquelle il circule. Pour les bestiaux, les bœufs arrivant au marché de la Villette, il faut qu'ils paient comme nous, Parisiens, ce marché, et si le bétail n'y vient pas, si le blé va se faire moudre à un moulin de n'importe quelle province, car vous savez que le blé américain pénètre jusqu'au centre de la France, il faut qu'ils paient ce que le malheureux cultivateur a payé en prestations en nature pour construire ces chemins vicinaux sur lesquels ils passent. (Applaudissements.) Ainsi, premier point, demander qu'il soit créé un droit compensateur représentant la participation des produits étrangers dans le budget français exactement dans la même proportion que le cultivateur, l'éleveur et le casseur de pierres paient pour établir tout ce qui constitue la prospérité du marché français. (Approbation.)

Je demande que cela soit mis en dehors des traités de commerce. Après cela vient la question des traités. Ah! si nous obtenons, — et nous ne sommes pas ambitieux, — ce n'est pas la nature du cultivateur (Non ! — Rires), si nous obtenons déjà ce premier point que je vous signalais tout à l'heure, nous serions presque tentés de nous déclarer satisfaits, et nous dirions à ceux qui ont de plus grandes visées, qui aspirent à des bénéfices que nous ne connaissons pas : vous voulez des traités de commerce, je le veux bien, faites-en, mais ne touchez pas à ce qui est notre base d'opération, c'est-à-dire à notre droit compensateur ? (Très-bien !) Des traités de commerce, il est possible qu'ils soient nécessaires dans l'intérêt de certaines industries ; jusqu'à présent, nous marchons tous ensemble, ne rompons pas le faisceau ; il est possible qu'ils soient nécessaires pour des considérations politiques. Ah ! pardon, j'ai prononcé le mot, je ne veux pas y insister, ne nous en occupons pas, mais ce que nous demandons, c'est qu'en dehors de tout traité de commerce nous ayons notre droit compensateur, petit, modeste, mais enfin tellement juste qu'il est impossible qu'on nous le refuse ! (Très-bien ! et applaudissements.)

C'est, Messieurs, cette théorie que j'ai développée devant la Société des Agriculteurs de France, elle y a été admise, et dans la section d'économie politique de cette Société, c'est elle qui a été consacrée, c'est elle qui est entrée, non pas en détail dans le vœu qui a été voté, mais comme esprit dans ce vœu ; c'est elle que j'ai développée devant la commission des tarifs de la Chambre et qui, je crois, autant qu'on en puisse juger, a été écoutée sinon avec une grande faveur, du moins avec beaucoup d'attention.

Je voudrais maintenant que nous ici que le hasard, — je me trompe, il n'y a pas de hasard, — la bonne inspiration de notre président, a convoqués, nous proclamions ce premier point. J'ai eu entre les mains 20, 30 délibérations de comices, rendues soit avant soit après la convocation de notre président, et c'est là ce que j'y trouve ; vous venez d'entendre de la part de l'honorable délégué du Comice de Joigny exactement la même pensée.

Quel sera ce chiffre ? Nous le discuterons peut-être tout à l'heure, mais je dirai que je trouve le chiffre du Comice de Joigny peut-être exagéré comme représentation de l'impôt que nous payons par hectolitre de blé. Nous pourrons le discuter, je le répète, mais l'important est de faire admettre le principe (Oui ! c'est cela !) Ce principe, nous l'avons formulé ainsi dans la Société des Agriculteurs dont la plupart d'entre vous faites partie, c'est qu'on tienne compte de nos conditions financières à nous, agriculteurs. Or, c'est ce qui n'était jamais arrivé. Quand on a fait la législation de 1860, savez-vous ce qu'on a fait ? une mauvaise contrefaçon de la législation anglaise ; on a appliqué à un pays de propriété démocratique ce qu'on avait imaginé pour un pays de propriété aristocratique comme l'Angleterre. (Très-bien !)

On a donc fait en 1860, ainsi que je le disais, une mauvaise contrefaçon de la législation anglaise, mais nous ne sommes pas sous le même régime ni social, ni politique, vous le savez bien ! On concevait très-bien qu'à côté de ces mots, que notre président nous lisait ce matin du discours de sir Robert Peel, celui-ci ait pu dire à l'aristocratie anglaise, qui possède presque la totalité de son sol : Vous devez vouloir — et c'est une justice à rendre à l'aristocratie anglaise, elle répondait à ce que disait sir Robert Peel : — Vous devez vouloir la prospérité de l'Angleterre, même au prix d'un sacrifice sur votre intérêt. Diminuez vos baux, abaissez le prix de la nourriture, qui était tellement exagéré alors en Angleterre, vous ferez prospérer l'industrie anglaise et vous aurez contribué une fois de plus à la prospérité de votre pays. »

Voilà ce que disait sir Robert Peel, et l'aristocratie anglaise l'a compris ; les propriétaires fonciers ont diminué leurs baux et l'Angleterre a marché pendant 25 ans. Sur ce point continuera-t-elle, c'est ce que l'avenir nous dira. Mais est-ce que nous sommes dans la même position ? Est-ce que les trois quarts des terres de France sont l'objet de fermages? Prenez les statistiques; les trois quarts du territoire français sont exploités par de petits propriétaires qui cultivent eux-mêmes leurs terres. A ceux-là, est-ce que vous leur demanderez de diminuer leurs loyers? On parle toujours de cela, il y a des journaux qui ont dit : MM. les propriétaires diminueront leurs fermages! Vous en parlez à votre aise; à côté d'une grande ferme, d'un château, vous avez 50, 60, 80 petits propriétaires qui cultivent, eux 3, 4, 5, 10 hectares de terres. Qu'est-ce qu'ils font là-dessus? ils font selon la proportion 7, 8, car ce n'est pas eux qui ont le rendement le plus considérable, — peut-être jusqu'à 10 et 12 hectolitres de froment par hectare. S'ils en cultivent 9, il y a trois hectares de froment, et quand ils ont pris là-dessus de quoi se nourrir et ensemencer, il leur reste 12, 15, 20 hectolitres de froment à porter au marché. Qu'est-ce que cela représente pour eux? le salaire de toute l'année. Est-ce que c'est à ceux-là que vous irez dire au nom du principe démocratique d'abaisser le prix du blé! Mais c'est comme si vous demandiez à tous nos ouvriers de fabrique d'abaisser leurs salaires. (Très-bien et applaudissements.) Les 10 ou 12 hectolitres qu'ils portent au marché, c'est le salaire de toute leur année; s'ils les vendent à raison de 20 fr. l'hectolitre, ils n'ont pas seulement la représentation stricte, exacte, du travail qu'ils ont eu, mais s'ils le vendent à 34 ou 35 fr., cela leur fait leur salaire et ce salaire divisez-le par le temps qu'ils y ont mis est 1 fr. 20 ou 25 c. par jour. Quand le prix du blé s'abaisse au taux où nous le voyons, c'est le salaire agricole qui baisse au-delà de toute mesure. Il ne faut pas l'oublier, et c'est cela qu'il faut dire : ils ne sont pas là, Messieurs, ces malheureux cultivateurs en blouse, dont je dépeins la situation, mais c'est nous qui les défendons! (C'est évident! très-bien!)

Ils sont membres de nos Comices, c'est eux qui nous ont nommés comme présidents ou comme membres de leurs comices, et lorsque nous sommes délégués ici, il faut qu'on le sache, ce n'est pas notre intérêt personnel seulement que nous défendons — la grande propriété compte à peine pour un quart en France — ce que nous défendons, c'est la blouse qui cultive et qui demande que son salaire ne soit pas diminué ! (Applaudissements.)

Voix. — C'est juste ! — C'est la question !

M. Dehaut. — Voilà pourquoi nous demandons au nom de ces malheureux dont je parle — je dis au nom desquels, parce que je suis dans un pays de petite culture et que je vois cela tous les jours — qu'on fasse payer aux blés étrangers un droit égal à celui qu'ils paient eux-mêmes. Je ne crois pas qu'on puisse vous refuser cela, et c'est sur ce terrain surtout que je vous prie de nous placer. Si la victoire est à un prix, elle n'est qu'à celui-là ! (Très-bien !) Si vous demandez autre chose, croyez-en un vieil ami, vous serez battus ! (Parfaitement ! — C'est vrai !) Mais si nous restons dans les termes de cette modération, je ne dis pas que vous serez vainqueurs, mais vous avez peut-être une chance. (Très-bien !)

Ainsi, lorsque des voix qui peut-être n'étaient pas aussi amies que la mienne, vous disaient ce matin : soyez modérés : elles étaient dans le vrai. Soyons modérés, soyons humbles, soyons modestes ; quand en même temps on est juste et consciencieux, on peut avoir quelques chances. Voilà pourquoi, Messieurs, je vous demande de ne pas formuler autre chose que cela. Sans vous prononcer sur la question générale de faire ou de ne pas faire des traités de commerce, je vous demande de dire qu'en dehors des questions de traités qui pourraient être faits — laissez ce conditionnel — il sera établi par le tarif général des douanes sur les denrées agricoles, sur tous les produits agricoles un droit compensateur représentant une somme égale à celle que paient les produits nationaux, droit compensateur auquel aucun traité de commerce ne pourra toucher. (Approbation.) C'est dans ces limites que je vous prie de vouloir bien voter avec quelques modifications la proposition du comice de Dieppe. Nous n'en sommes pas moins reconnaissants à ce comice, car c'est lui qui a provoqué cette réunion, c'est lui qui vous a amenés ici, et comme nous abondons évidemment dans le fond de sa pensée, il ne nous saura pas mauvais gré de demander à modifier dans une certaine proportion les deux articles qu'il avait proposés. Remarquez, Messieurs, que ma proposition touche en effet deux articles ; dans l'un, il y avait : « Aucun traité de commerce ne sera renouvelé ou conclu, mais un tarif général sera établi sous forme de loi ; » l'autre article disait : « Dans tous les cas, l'agriculture ne sera pas livrée seule à la libre concurrence des produits étrangers, mais elle sera l'objet de mesures protectrices égales à celles dont bénéficierait l'industrie. »

Vous voyez que les développements dans lesquels je viens d'entrer réunissent le premier et le dernier article qui sont, notre honorable président le reconnaîtra, la base de notre discussion ; le second et le troisième, nous en parlerons tout à l'heure, mais la base de la discussion, je le répète, repose sur les articles que je viens de lire. Je vous demande, et en cela nous arriverons à former un faisceau en France, il n'y aura pas un comice qui protestera contre cela, nous aurons la force la plus grande qu'il nous soit possible d'avoir, l'union absolue, je vous demande de dire, — sans aborder cette question de traités de commerce où il y a tant d'intérêts qui peut-être ne nous touchent pas directement, — qu'en dehors des traités qui pourraient être conclus, il soit établi sur tous les produits agricoles étrangers ayant des similaires dans l'agriculture française, un droit compensateur représentant la somme d'impôts payée par les agriculteurs français sur les produits similaires. (Très-bien ! très-bien !)

Un membre. — Je demande la parole.

M. le Président. — Auriez-vous l'obligeance de faire connaître votre nom au bureau ?

Le même. — Le comte de Saint-Seine, président du Comité central d'Agriculture de Dijon.

M. le Président. — Vous avez la parole.

M. de Saint-Seine. — Il est impossible de méconnaître la justesse de ce que vient de dire M. Dehaut, seulement je crois que le droit compensateur, qui a été indiqué tout à l'heure par le délégué du Comice de Joigny et que M. Dehaut a dit être un peu trop élevé, n'aura aucune espèce d'influence sur le prix des blés...

M. Dehaut. — Vous vous trompez.

M. de Saint-Seine — Attendu que ce droit de 3 fr. par 100 kilog. n'est guère que le dixième de ce qui représente la valeur du blé.

L'écart qui peut exister entre nos blés et ceux d'Amérique s'élève à un chiffre bien plus haut, et par conséquent, le droit d'entrée que paieront ces blés ne les empêchera pas d'être encore meilleur marché que les nôtres, surtout quand ils auront comme cette année, l'avantage de la qualité. Je crois que la question est excessivement compliquée et difficile ; le principe des droits compensateurs, tel qu'il vient d'êre exprimé n'a pas la valeur d'un droit protectionniste, mais il est insuffisant. Je crois devoir borner là, pour ce moment, ces explications parce que si je donnais lecture ici, — je le ferai peut-être à un autre moment de la discussion — des résolutions prises par le Comité central d'Agriculture de Dijon, que j'ai l'honneur de présider, vous verriez que nous avons fait précéder toute résolution d'une phrase ainsi conçue : « La question économique est inséparable de la question politique, elle y est trop intimement liée pour pouvoir en être séparée et pour qu'un Comité agricole puisse examiner ces questions avec tous les développements qu'elles comportent. » Je crois que l'Assemblée a déjà manifesté ici ses intentions au point de vue de la politique qu'elle entend écarter du débat, mais il restera toujours une épine au milieu de ces délibérations, c'est la difficulté politique.

Un membre. — Les différents Comices ont décidé dans leur immense généralité de demander un droit fixe de 3, 4 ou 5 francs sur les importations ; je maintiens qu'à l'heure qu'il est ce droit est absolument illusoire ; les Américains nous expédient des blés qui reviennent à 8 fr. l'hectolitre (dénégations), nous ne pouvons produire à l'heure qu'il est, du blé, — je parle pour mon département, qu'à 21 fr. l'hectolitre. L'écart est tel entre ce prix de production et celui de l'Amérique qu'il y a intérêt, et un intérêt considérable, à faire venir du blé américain. Le jour, au contraire, où nous aurions une récolte favorable et où l'Amérique en aurait une mauvaise, maintiendra-t-on le droit ? C'est là une question qu'il faut poser ; quant à moi, je crois qu'aucun gouvernement ne pourra maintenir ce droit, qu'on appelle un droit compensateur, le jour où le prix du blé s'élèvera. Alors, nous retomberons dans le système des intérêts, qui s'est produit de 1856 à 1862, système dans lequel, tous les trois mois, ceux qui avaient du blé à vendre, attendaient l'*Officiel* pour savoir à quel prix ils livreraient leur marchandise. C'était le pire des systèmes. Je pose en fait qu'un droit fixe mis sur les blés ne peut pas tenir, que si on veut arriver à avoir une chose rationnelle et raisonnable en matière de droit sur les blés il n'y a pas à hésiter, il faut reprendre l'échelle mobile. (Non ! non !) Permettez ! le jour où vous aurez un droit fixe, quand le blé sera cher, vous ne pourrez pas maintenir ce droit fixe.

Voix. — Votre échelle mobile aura un échelon, tout simplement. (Rires).

Un membre. — Alors c'est l'échelle mobile sans ses avantages. Je ne dis pas, pour moi, qu'il faille y revenir ; je demande aux personnes qui proposent un droit fixe sur les blés de vouloir bien réfléchir à la manière dont ce droit fonctionnera. J'ai posé la question à beaucoup de personnes, aucune ne l'a résolue, et, en fin de compte, quand on l'étudie d'une manière sérieuse, on en revient à l'échelle mobile. Je ne dis pas pour moi qu'il faille y revenir ; j'aurai l'honneur d'indiquer plus tard pourquoi ; je crois seulement que la société s'embarque dans une voie déplorable, qu'en demandant un droit sur les blés, elle est assurée de ne rien avoir du tout. Je crois que le gouvernement est très-disposé à nous accorder, sur une fraction de nos demandes, ce que nous lui demanderons, mais je suis convaincu que le jour où nous lui demanderons quelque chose sur les blés, ce sera une raison pour nous refuser non-seulement cela, mais ce que nous demanderons sur autre chose. (Bruit.) Je sais, Messieurs, que je blesse ici le sentiment de l'assemblée ; il n'est pas agréable en effet de venir rappeler une assemblée à des sentiments plus modérés que ceux qu'elle a, mais peu importe. Ce qui me pousse, c'est le sentiment que je défends votre cause contre vous-même. Je crois que si vous demandez quelque chose sur les blés, vous êtes sûrs de ne rien obtenir et vous donnez à vos demandes, remarquez-le bien, un titre tellement mauvais, que le gouvernement profitera de votre demande sur les blés pour ne rien faire ! (Rumeurs.) Je ne discute pas dans ce moment, je demande seulement aux personnes qui proposent ce droit fixe si elles entendent le maintenir, quel que soit le prix du blé.

M. LE PRÉSIDENT. — La question s'égare toujours un peu ; nous avions à discuter un premier article ; M. Dehaut, avec beaucoup de talent, a mêlé deux questions en nous priant de nous désintéresser de la première ; nous arriverons, si vous le permettez, tout-à l'heure à la seconde et nous commencerons par vider la première. Nous revenons donc à la première des propositions du Comice agricole de Dieppe ; dans ce cas, je prendrai la parole, non en mon nom personnel, mais au nom des sociétés agricoles du département de la Seine-Inférieure tout entier. Comme j'aperçois notre honorable président, je pense qu'il voudra bien défendre cette proposition qu'il a si bien exposée dans notre réunion. S'il ne prenait pas la parole, je serais obligé de le faire ; mais d'abord je craindrais de fatiguer l'assemblée et moi-même également. Cette question est formulée dans un grand nombre de lettres qui m'ont été envoyées par des comités qui demandent que l'on adopte comme premier article qu'aucun traité de commerce ne sera conclu.

M. DE MONGASCON. — Permettez-moi de faire une observation. La question des traités de commerce est intimement liée à celle du tarif général des douanes. Si dans ce tarif on donne satisfaction à l'intérêt agricole que vous représentez et que ce tarif soit beaucoup plus élevé que le tarif conventionnel, c'est à dire tout le contraire de ce qui arrive aujourd'hui, vous n'aurez rien à dire. Mais il faut remarquer que quand on envoie un négociateur à une puissance étrangère, il faut qu'il ait les mains pleines de concessions, il ne peut pas traiter sans cela. Toute la question de savoir s'il faut ou non des traités de commerce dépend donc, selon moi, du taux auquel sera fixé le tarif général des douanes.

M. AVENIEZ, délégué de la Loire-Inférieure. — Messieurs, j'arriverai tout à l'heure, si vous le voulez bien, aux droits compensateurs. Je vais parler dans ce moment des traités de commerce. Je crois, en effet, que la question est extrêmement grave. M. Dehaut vient de vous dire avec beaucoup de talent que si on pouvait remplacer les traités par autre chose d'aussi avantageux pour l'agriculture, cela vaudrait mieux parce que nous ne serions pas forcés de demander la suppression de formalités et de traités, ce que nous n'obtiendrons peut-être pas. Mais a-t-il bien touché le côté pratique de la question, quand il nous a dit : je demande qu'en dehors de tout traité de commerce on établisse un droit sur tous les produits agricoles étrangers. C'est donc dans un tarif général.

M. Dehaut. — Oui.

M. Aveniez. — Alors, vous demandez la suppression des traités de commerce, et avec raison.

M. Dehaut. — Pardon, avant les traités, il y a toujours un tarif général qui en est le point de départ.

M. Aveniez. — Mais vous demandez un tarif auquel on ne puisse pas déroger. Nous n'aurons jamais de traités comme cela. Que sont les traités de commerce ? Ce sont les concessions réciproques entre nations. Or, qu'est-il arrivé jusqu'à présent ? C'est que notre agriculture a été sacrifiée ; c'est en la sacrifiant que nous avons obtenu à l'étranger des concessions équivalentes pour notre industrie. Donc, si nous continuons dans le sens des traités de commerce, nous arriverons à ceci :

L'agriculture sera encore et toujours sacrifiée parce qu'on ne peut pas tout obtenir pour soi. Si nous demandons des avantages pour l'industrie, il faut bien que nous fassions aussi des concessions, que nous établissions des compensations, lesquelles se traduiront par l'exemption de droits à l'entrée des produits agricoles étrangers. Ceci est incontestable.

Vous dites avec raison : mais alors créons un tarif particulier, c'est-à-dire établissons sur les produits agricoles étrangers similaires et concurrents des nôtres, des droits de telle nature qu'ils soient compensateurs de nos charges intérieures, ce qui est parfaitement juste ; alors nous pourrons faire intérieurement et commercialement parlant ce que nous voudrons. Oui, mais avant tout, prononçons-nous contre le renouvellement des traités de commerce, qui ne peuvent être conclus qu'à notre détriment. Un traité avantageux pour l'agriculture, nous n'obtiendrons pas cela ! Comment voulez-vous qu'une nation à laquelle nous demanderons une concession pour nos produits industriels, par exemple, ne réponde pas par une demande de concession équivalente. Or, qu'est-ce qu'elle nous demandera à faire entrer chez nous ? Ses produits agricoles à bon marché chez elle, et dont l'écoulement est certain chez nous. Je ne veux pas insister davantage, mais soyez certains que des traités de commerce seront toujours le sacrifice des intérêts agricoles de la France.

Voix. — C'est ce que nous voulons empêcher !

M. Aveniez. — Des précédents ont démontré l'exactitude de ce fait. Ainsi, dernièrement, dans le renouvellement du traité Austro-Hongrois, on est arrivé à ce résultat de laisser entrer les produits agricoles de l'étranger afin que nos produits industriels puissent entrer chez lui. Il y a donc nécessité à demander qu'on ne fasse pas de nouveaux traités de commerce. Tout le monde ne sera pas de cet avis, certainement ; mais, presque tous les agriculteurs seront d'accord avec moi sur cette question.

J'irai plus loin : j'appartiens à un département qui a de grands intérêts agricoles, industriels et commerciaux, celui de la Loire-Inférieure.

Non-seulement nos agriculteurs se sont prononcés formellement contre le renouvellement des traités de commerce, mais la Chambre de commerce de Nantes, elle-même, s'est prononcée dans le même sens. On fait beaucoup de fantasmagorie dans les journaux. On vient vous dire dans les entrefilets que toutes les Chambres de Commerce se prononcent à l'unanimité pour le maintien des traités. C'est une erreur que les faits démentent et continueront de plus en plus à démentir, car l'industrie souffrira bientôt du libre-échange autant que l'agriculture.

Maintenant on vient vous dire : Mais les fabricants de soie et autres nous le demandent. Je le crois bien, ils ont besoin que leurs matières entrent en franchise, mais cela prouve seulement qu'il y a beaucoup de gens protectionnistes pour eux et libres-échangistes pour les autres. Donc, en résumé, pas de traités, car, si nous continuons ce système, permettez-moi de dire le mot tel que je le pense, nous jouerons, comme en 1860, le rôle

5

de dupes. (Approbation). Autre question : Quel est le grand danger des traités de commerce aujourd'hui ? C'est leur durée, avec la nécessité de ne pas manquer à sa signature et de continuer à les observer. On vous a dit ce matin : Vous exagérez ! vous dites que l'agriculture est morte ! — Elle n'est pas morte, c'est vrai ; si elle l'était, il n'y aurait pas de discussion. (Rires.) Quand un homme est mort, on ne discute plus sur les moyens de le guérir. Si l'agriculture était morte, nous ne nous en occuperions pas. Elle n'est pas morte, Messieurs, mais elle va mourir. C'est parce que nous prévoyons ce que malheureusement tout le monde ne voit pas, c'est parce que nous, qui étudions la terre de plus près, voyons ce que d'autres plus habiles en d'autres matières n'aperçoivent pas, que nous disons : « prenez garde ! » Je ne citerai qu'un fait. Il y a eu cette année une importation de blés américains sans précédent. Le port de Nantes, qui n'en avait jamais vu auparavant, en a reçu une grande partie ; ils sont arrivés à Nantes et Saint-Nazaire par navires étrangers !

Un membre. — Il n'y a pas de traité de commerce avec l'Amérique.

M. Aveniez. — C'est parce que l'Amérique a eu plus d'esprit que nous.

Je sais fort bien que nous n'avons pas de traité de commerce avec l'Amérique ; j'espère que nous continuerons à n'en point avoir, et alors nous pourrons, nous pouvons dès maintenant établir un tarif général qui protége notre agriculture en grevant de droits compensateurs les produits agricoles américains similaires et concurrents des nôtres.

Aux autres nations qui demandent le renouvellement des traités, répondons : non, purement et simplement.

L'expérience est faite. Les traités ne sont possibles qu'au détriment des intérêts agricoles ; et demander qu'on établisse dans un tarif général des droits à l'entrée des produits agricoles dont les nations étrangères se préparent à nous inonder, c'est demander l'abolition des traités, ce que je désire, car leur renouvellement dans des conditions avantageuses pour nous ne sera pas consenti par l'étranger.

En restant prohibitionniste et protectionniste, l'Amérique s'est mise en position de faire du libre-échange. Elle en ferait aujourd'hui si elle voulait; par la protection, on s'enrichit, et, quand on est riche, on peut faire ce qu'on veut. Par le libre-échange, au contraire, et dans la position particulière de la France, on se ruine; et, Messieurs, remarquez une chose, je ne veux pas dire que les libres-échangistes sont des gens qui veulent ruiner de parti-pris la France, en aucune façon...

Plusieurs membres. — Ils ne savent pas ce qu'ils font!

M. Aveniez. — Mais le libre-échange, qui peut-être un idéal très-désirable, n'est pas possible pour la France; car elle a des charges intérieures qui font pour elle du libre-échange une duperie. Dans notre situation, ce n'est pas du libre-échange que nous faisons, c'est de la protection à rebours. On vous a cité des faits, mais on n'a pas dit que chaque Français paie 80 francs d'impôts...

Voix. — Cent francs!

M. Aveniez. — On parle des charges de l'agriculture, mais l'impôt foncier, les prestations, etc., ne sont pas les seuls impôts qu'elle paie; il y a encore les impôts indirects.

Un membre. — Cela monte à 100 francs par tête!

M. Aveniez. — Oui, j'accepte ce chiffre. Voulez-vous que je cite un fait pour montrer que l'impôt de consommation même ruine le producteur! La ville de Nantes vient de porter le droit d'entrée du vin à 30 et quelques francs. Nous fabriquons dans la campagne des vins qui ne valent pas cela: il faut qu'ils paient plus que leur valeur à l'entrée. Savez-vous ce qui en résulte? L'ouvrier de la ville boit beaucoup moins de vin, et nous, producteurs, nous n'en vendons presque plus, car les producteurs font du vin, non-seulement pour en boire, mais surtout pour en vendre et acheter du blé. Par conséquent, ce qui est un désagrément, une perte pour l'ouvrier, est une ruine pour l'agriculteur. Tout impôt, aujourd'hui, retombe en réalité sur l'agriculture, et, j'ai raison de dire que faire du libre-échange dans des traités de commerce qui en sont une application aussi large qu'on le peut, c'est dans notre situation fournir aux étrangers des armes pour nous battre. Maintenant, qu'arrivera-t-il? J'ai indiqué la gravité de la situation actuelle; mais remarquez bien qu'elle n'est qu'à ses débuts; l'introduction du blé des Etats-Unis à Saint-Nazaire ne date que de cette année. Mais vous pensez bien que les Américains ne s'en tiendront pas là. Après les blés viendront les bestiaux, les laines, tous les produits agricoles. Quel est celui d'entre vous, Messieurs, qui, l'année dernière, pouvait dire : Dans un an, vous serez dans telle situation? Personne. Qui peut dire aujourd'hui où nous en serons l'année prochaine? Nous entrons dans l'inconnu, et nous lier par des traités d'une durée de dix ans, c'est une chose insensée. (Très-bien! et applaudissements.)

Voilà, Messieurs, des arguments que je crois graves pour vous montrer que nous devons combattre les traités de commerce. Maintenant j'adopte tout à fait les conclusions de M. Dehaut lorsqu'il dit que si nous n'arrivons pas à leur suppression, nous devons nous rejeter sur un tarif général et tâcher de faire protéger autant que possible l'agriculture par des droits à l'entrée. Mais cela, Messieurs, il sera toujours temps de le faire. Si, par hasard, nous ne pouvons pas l'obtenir cette année, peut-être l'aurons-nous l'année prochaine. Tandis que si un traité de commerce est fait cette année, nous serons sacrifiés l'année prochaine, et, dans dix ans, nous n'existerons plus comme agriculteurs. (Vive approbation.)

M. Dehaut. — Messieurs, je crois que la question principale est celle du tarif, non pas après celle des traités de commerce, mais avant, pourquoi? A cause du régime sous lequel nous vivons aujourd'hui, nous autres agriculteurs. Il y a beaucoup de gens qui croient que nous sommes sous le régime des traités de commerce, mais détrompez-vous, il n'est question ni de blé ni de viande dans ces traités, et, c'est par un changement dans le tarif général qu'en 1860 on nous a mis à pied. Lisez tous les traités de commerce, il n'y est question ni du blé, ni de la viande! On a seulement modifié le tarif général en abolissant l'échelle mobile et on a créé le tarif actuel de 0 fr. 50 cent. par hectolitre. Nous ne sommes donc pas, nous, agriculteurs, sous le régime des traités de commerce; nous sommes sous celui d'un tarif général de douane qui nous ruine. Nous demandons que l'on fasse un nouveau tarif général qui nous remonte en selle. Lorsque ce tarif sera fait, nous demandons encore qu'on n'y touche pas par des traités. Mais quand même votre premier article serait accepté par tout le monde, quand tous les traités seraient abolis, nous n'en resterions pas moins nous, dans le régime du libre-échange pour les céréales et la viande, attendu que ce sont nos lois qui l'ont établi, et nullement les traités. Le mot de traité de commerce a passé dans la langue générale, et presque tout le monde croit que c'est à cause d'eux que nous souffrons. Pas du tout ; nous souffrons par le tarif général actuellement existant. Voilà pourquoi il faut insister pour qu'il soit relevé, ensuite nous demanderons que les traités de commerce n'y touchent pas ; mais commençons par le faire relever.

M. DE MONGASCON. — Dans les traités de commerce, il est question de la viande. Ainsi dans ceux avec l'Italie et l'Autriche-Hongrie, il y a un tarif sur chaque tête de bétail. Mais, ce qui préoccupe surtout la réunion, c'est l'invasion des produits agricoles américains, salaisons et céréales. Dès aujourd'hui, vous êtes parfaitement libre de faire vis-à-vis de l'Amérique ce que vous voudrez. Demain, si les pouvoirs constituants veulent relever le tarif général des douanes vis-à-vis des Etats-Unis, ils le peuvent sans que la question des traités de commerce soit atteinte ni touchée.

Après la guerre de sécession, il a plu aux Américains de mettre un droit de 15 % sur les vins français, de sorte que dans un rapport publié par le ministère des affaires étrangères, fait par notre Consul, à la Nouvelle-Orléans, il a été constaté que les trois quarts de l'importation française en vins n'existaient plus ; cela a été fait sans aucune espèce de transaction internationale. Vous êtes exactement dans la même situation aujourd'hui vis-à-vis de l'Amérique en ce qui concerne les salaisons et les blés.

M. L'HOTTE. — Je demande la parole pour savoir si nous sommes sous l'empire des tarifs et des traités de commerce ; est-ce que les laines ne sont pas comprises dans les traités ? C'est là une question que je pose et je crois qu'elle doit être résolue dans le sens de l'affirmative. Il s'agit ici de tous les produits agricoles, et c'est pour cela que, dans le premier article du comice de Dieppe, il y a un excellent principe que nous devons tous admettre, et autour duquel nous devons nous rallier. Je crois que nous nous perdons en ce moment dans une discussion un peu trop détaillée ; nous ne pouvons pas rester ici deux ou trois jours, nous devons faire en sorte d'adopter un principe général tel que celui que le comice de Dieppe a si nettement posé, et ne pas discuter dans ce moment les questions subsidiaires. En disant qu'il ne sera pas établi de traité de commerce, nous ajouterons dans le dernier paragraphe que dans tous les cas il sera établi un tarif général pour les objets qui ne seraient pas compris dans les traités, s'il en est fait, mais d'abord il faut demander qu'il ne soit pas établi de traités de commerce ; car, je le répète, il s'agit ici de prendre en considération l'intérêt de l'agriculture tout entière, non-seulement les céréales et la viande, mais encore les laines et les autres produits. (Très-bien ! très-bien !) Pour les laines, je crois qu'elles sont comprises dans les traités de commerce.

Voix. — Non !

M. Pouyer-Quertier. — On n'a rien compris dans les traités de commerce ; on n'y a protégé en quoi que ce soit l'agriculture.

M. l'Hotte. — Si elles ne sont pas comprises dans les traités...

M. Dehaut. — Mais non ; le tarif n'est pas le traité de commerce !

M. l'Hotte. — Si nous ne sommes pas liés vis-à-vis des puissances étrangères en ce qui concerne les laines, Je retire mon observation. La question est de savoir, si nous ne sommes pas liés, si on n'a pas l'intention dans les traités qu'on élabore, de nous lier sur ce point-là. Car, remarquez-le, ils n'existent plus, les traités de commerce, mais on veut en faire. Est-il question, dans ceux qu'on va faire, de permettre l'introduction des laines en France ?

M. Dehaut. — C'est ce que nous ne savons pas. Comment voulez-vous savoir ce qui se négocie à l'heure qu'il est ? Les traités de commerce vont disparaître le 31 décembre. Par conséquent nous parlons de ce qui aura lieu en 1880. En 1880, s'il n'y a pas de traités de commerce, il faut qu'il y ait un tarif général de douanes. Donc, il faut avant tout nous occuper de ce tarif, car si les traités de commerce n'ont plus lieu, et il peut y avoir mille difficultés, mille circonstances qui empêchent de les renouveler, il faut faire un tarif. Il faut nous en occuper avant tout, car vous ferez un traité de commerce avec une nation, vous n'en ferez pas avec une autre ; vous n'en avez jamais eu avec la Russie, ni avec l'Amérique, et il est probable que vous n'en aurez pas. Il faut donc que vous soyez armés vis-à-vis de ces deux puissances qui sont les plus redoutables pour nous ; il vous faut donc un tarif général. Le traité de commerce n'est qu'un accident, mais le pain quotidien qu'il nous faut, c'est un tarif général ! Je demande donc qu'avant tout nous nous occupions de ce tarif, car c'est la base de toutes nos opérations.

M. Mariage. — Je suis d'accord avec M. Dehaut, aussi je demande à répéter ce que je disais ce matin : nous devons protester contre le projet de tarif général qui est proposé actuellement, parce que le taux en est tellement inférieur que, vous pouvez être tranquilles, vous n'aurez plus de traités de commerce ; on n'aura pas intérêt à vous en demander ; vous ouvrez les portes toutes grandes, car le tarif qu'on propose est la reproduction littérale des tarifs conventionnels que nous subissons depuis 1860. Si le tarif général est réellement cette reproduction, pourquoi les pays, auxquels vous ouvrez les portes, viendraient-ils vous demander des concessions que vous ne pourriez pas leur accorder, puisque les tarifs conventionnels étaient censés avoir été à l'extrême limite des concessions? Il ne vous demanderont rien pour n'avoir rien à vous donner. On vous le disait déjà tout à l'heure ; j'insiste là-dessus, je le répète, et je suis heureux que M. Dehaut soit aussi de cet avis.

M. Dehaut. — Oui, parfaitement.

M. Mariage. — C'est le tarif général qui doit nous préoccuper le plus, il faut qu'il soit révisé non seulement sur les matières agricoles, mais sur tout ce qui dépend plus ou moins directement de l'agriculture.

On a dit tout à l'heure que la question était plutôt politique que commerciale et agricole, je le crois. Je ne veux pas faire de politique ici, mais je crois qu'il y a une foule de gens qui craignent de voir mettre des droits sur les céréales bien qu'ils soient convaincus que l'agriculture est perdue si on ne le fait pas. Mais comme la politique joue là-dessous un rôle considérable, personne n'ose proposer une chose que tout le monde considère comme indispensable. (Applaudissements.)

Je m'empare de ce que disait tout à l'heure M. Dehaut à propos de la blouse qui produit et qui paie de lourds impôts : C'est l'ouvrier des villes qu'on a en vue en ce moment, et on ne s'occupe pas du producteur qui est aussi un ouvrier alors même qu'il cultive 2 ou 3 hectares, mais qui a sur l'autre un grand désavantage. L'ouvrier des villes a un hôpital où il pourra aller se faire soigner ou mourir, mais le cultivateur n'en a pas du tout ; il faut qu'il se contente de son étable !

M. DE SAINT-SEINE. — Ce n'est pas la peur qui me fait parler, je déclare que je suis prêt à donner mon sang pour mes convictions politiques et religieuses, mais je dis que c'est la vérité, que nous ne pouvons pas demander sur le blé les droits qu'il faudra pour que nous puissions le vendre. Nous ne le pouvons pas parce que nous ne trouverons aucun gouvernement pour les établir, et, moins celui que nous avons qu'un autre.

Un membre. — Nous ne demandons qu'une chose : faire payer aux blés étrangers l'impôt que le blé paie en France.

M. DE SAINT-SEINE. — Demandez-le, mais je suis convaincu que vous n'aurez rien. Voulez-vous me permettre de vous donner lecture de la délibération adoptée par le Comice agricole que je représente ici ? (Bruit.)

M. LE PRÉSIDENT. — Si cela n'a pas trait immédiatement à la question...

M. DE SAINT-SEINE. — Cela y a trait par certains côtés.

M. LE PRÉSIDENT. — Si vous le voulez bien, nous allons y arriver tout à l'heure. — Messieurs, il y a une question de principe qui a été soulevée par l'honorable M. Dehaut. Je disais tout à l'heure que M. le président de la Société centrale de la Seine-Inférieure, qui y a discuté cette question, qui l'a défendue, était plus apte que personne à la soutenir ici. S'il ne veut pas le faire, je serai, à mon très-grand regret, obligé de reprendre la parole. Mais, comme il a les meilleurs motifs à vous donner, je pense qu'il voudra ici défendre la proposition adoptée à l'unanimité dans notre département, à la suite d'une discussion approfondie, comme représentant les vœux et les besoins de nos populations.

Un membre. — Je demande à ajouter un seul mot à ce qui a été dit tout à l'heure à propos du prix du blé : en 1878, le blé valait 31 fr. 50 ; en 1879, il vaut 28 fr. 50, et le pain est au même prix ! Vous voyez donc bien qu'en admettant même une augmentation de 3 fr., le pain serait encore au même prix. Il ne faut donc pas dire que ce droit viendrait affamer l'ouvrier des villes.

M. Pouyer. — Messieurs, la Société centrale d'Agriculture de la Seine-Inférieure qui a provoqué la réunion de tous les Comices du même département, est très-fière d'avoir amené une discussion aussi intéressante que celle que nous entendons aujourd'hui. Ajouter quelque chose à ce qui vient d'être dit serait inutile. Au nom de la réunion des Sociétés agricoles de la Seine-Inférieure, je donne adhésion sans en ôter un mot à ce qui a été dit par l'honorable et éloquent M. Dehaut, dont nous avons eu le bonheur d'entendre l'efficace déposition devant la commission de la Chambre des députés. (Très-bien !) Il y a un seul mot que je relèverai ; moi, qui suis le partisan du gouvernement, je mets un pied dans la politique. On a dit tout à l'heure : qui osera proposer un droit sur le blé? Eh bien, je dis c'est le gouvernement qui l'osera, parce que c'est son devoir. (Très-bien !)

Il faut faire vivre l'agriculture ; l'agriculture, Messieurs, c'est dix-huit millions d'habitants de la France ; l'agriculture, laissez-moi le dire, moi qui suis partisan du gouvernement, ce ne sont pas seulement les propriétaires, ce sont les ouvriers, c'est le salaire. (Applaudissements.)

M. le Président. — Alors, vous abandonnez le principe de la suppression des droits de commerce ?

M. Pouyer. — Avec certaines modifications, si elles

sont jugées nécessaires. Le tarif général d'abord bien établi, ainsi que l'a indiqué M. Dehaut.

M. D'IMBLEVAL. — M. le Président, la proposition du Comice agricole de Dieppe consiste à dire qu'il y aura un tarif général auquel les traités de commerce ne pourront pas déroger. Il me semble qu'on a voulu dire : pas de traité de commerce en matière agricole, c'est-à-dire un tarif. Je crois que dans le fond, les deux propositions reviennent au même, et nous pourrions voter sur l'une comme sur l'autre, en ajoutant ces seuls mots à la proposition du Comice de Dieppe : pas de traités de commerce en matière agricole.

M. LE PRÉSIDENT. — Dès l'instant où il n'y aura pas de traités de commerce touchant les matières agricoles, nous sommes satisfaits. Nous ne parlerons que pour l'agriculture.

M. DE MONGASCON. — Je représente le Comice agricole de Beaune ; il n'est pas possible de faire un traité de commerce sans parler des vins.

Voix. — Et la laine ?

M. LE PRÉSIDENT. — M. Pouyer-Quertier demande la parole. (Mouvement d'attention.)

M. POUYER-QUERTIER. — Messieurs, je me trouve en présence d'une assemblée unique en son genre, depuis que j'ai l'honneur de parler en public. Ici je trouve tous les Comices agricoles de France, convoqués et représentés par les membres qui sont appelés à m'entendre ; je trouve ici la représentation de la grande, de la moyenne, de la petite agriculture, en un mot, la représentation de toutes les campagnes.

La question agricole qui vous est soumise est des plus graves. Je me suis rallié dans la Société des agriculteurs de France, à la question des droits proposés par l'honorable M. Dehaut, droits disparaissant complétement quand les 100 kilogrammes de blé valent 30 francs, et le pain 3 sous et demi la livre ; mais je ne puis laisser passer la question des traités de commerce sans la discuter devant vous, et sans la faire trancher par vous. Il s'agit de savoir ce qu'ont produit les traités de commerce depuis qu'ils existent, ce qu'ils ont produit, non pas au point de vue industriel, on vous dirait que je suis industriel ; j'ai peut-être quelques droits de dire aussi que je suis agriculteur, que j'appartiens à l'agriculture, et que si j'exploite directement et indirectement de nombreux domaines, j'ai bien le droit de parler de l'agriculture dans cette assemblée. (Très-bien.)

Maintenant, Messieurs, il ne s'agit ni d'industrie ni d'agriculture ; il s'agit de l'intérêt national du pays. Il s'agit du salaire des ouvriers, non pas de l'industrie seulement, mais de l'agriculture elle-même, c'est-à-dire de l'immense majorité de la population française.

Voilà ce que vous avez à étudier, à examiner aujourd'hui dans la réunion où vous vous trouvez. On vous a dit : la question des traités de commerce ne peut pas être agitée dans une assemblée sans toucher le côté politique ; les questions de traités de commerce sont, non-seulement des questions économiques, elles sont encore des questions politiques. D'abord, Messieurs, quelque utilité que je trouve à voir bannir la politique d'une réunion d'agriculteurs assemblés pour s'occuper des intérêts spéciaux de nos campagnes et de nos populations agricoles, je dois dire que la question politique dans les traités de commerce s'est singulièrement restreinte, quand on examine combien la situation a changé depuis 1860. Ah ! oui, en 1860 on a pu croire qu'il y avait là un grand principe. Vingt filateurs de Manchester s'étaient réunis en 1842 : écrasés déjà sous le poids d'une production désordonnée, ils reconnaissaient qu'ils n'avaient plus de débouchés pour leurs produits. Ces filateurs cherchaient par tous les moyens possibles à les faire naître dans le monde entier, et ils inventaient, eux, les Manchesters'men, les hommes de Manchester, le libre-échange ! (C'est vrai ! Très-bien !), sous la direction des Cobden, des Bright, des Disraeli, qui cherchaient dans ces nouveaux procédés l'intérêt de leurs nationaux, de leurs électeurs.

Tous les producteurs étaient engloutis par la masse de produits qui pesaient sur leurs têtes. Ils se sont dit, et Robert Peel l'a répété après eux : Nous sommes les plus forts, nous avons le fer, la houille à meilleur marché ; nous avons plus de capitaux et à plus bas prix que nos concurrents, nous pouvons nous fier à notre marine, car elle est la plus puissante du monde, pour assurer nos approvisionnements, sacrifions l'agriculture anglaise, et sauvons notre industrie. Nous ferons venir les blés et les produits alimentaires de l'étranger, nous ne risquons rien, puisque nous sommes les plus forts. Nous pouvons lutter contre le monde entier, oui, oui, nous sommes les plus forts nous sommes dix contre un ! Luttons ! Voilà la bravoure de ces vingt filateurs qui ont inventé cette théorie qu'ils ont cru pouvoir faire accepter par le monde entier.

Depuis 1846, elle s'est, en effet, répandue dans beaucoup de contrées ; on s'est laissé séduire ; il faut prendre les produits là où on les trouve à meilleur marché. Oui, quand on parle d'une manière abstraite, si on trouve un produit à deux sous et qu'il faille le payer trois, il vaut mieux ne le payer que deux ; mais si par suite de circonstances exceptionnelles, par suite de charges nationales, on n'a pas un sou pour le payer, il vaut mieux encore le payer trois et que les salaires obtenus par l'ouvrier, c'est-à-dire par le vrai producteur, lui en assurent quatre.

Toute la théorie de la liberté commerciale est là. Elle fait abstraction des nationalités et des charges de chaque pays, et elle dit aux producteurs : travaillez aux mêmes conditions, quelles que soient les charges qui pèsent sur vous. On dit à l'ouvrier : prends garde ! la protection agricole te fera payer ton pain 2 centimes par livre plus cher ; ce qui est absolument faux, mais on ne lui dit pas : tu gagneras trois francs par jour au lieu de deux et même moins. Eh bien, Messieurs, le bon sens de l'ouvrier lui dira qu'il vaut mieux gagner un franc de plus de salaire par jour et payer son pain deux centimes de plus par livre. (Très-bien ! très-bien ! — Vifs applaudissements.)

Voilà la vérité ! il a fallu 20 ans, oui vingt ans pour arriver à la situation où nous nous trouvons aujourd'hui, il a fallu 20 ans pour éclairer le monde sur cette doctrine inventée par les Manchester's men. Et aujourd'hui que le système est mis à nu, percé à jour, que tout le monde en reconnaît les effets, on voit l'Angleterre enserrée par toutes les nations à ce point qu'elle ne peut plus écouler ses produits parce que chacun, dans un intérêt national, lui ferme ses portes.

L'Angleterre est étouffée par la masse de produits qui lui pèse sur la tête.

La Russie lui a fermé ses frontières, l'Italie en a fait autant, l'Autriche de même. Vous savez ce que le prince de Bismarck est en train de faire, et, vous ne pouvez pas douter que dans le Parlement allemand on ne vote des droits sur les produits anglais. Il en est de même pour cette immense consommation que l'Angleterre rencontrait aux Etats-Unis. Après la guerre de Sécession, les Américains avaient des dettes immenses à payer ; pour atteindre ce but qu'ont-ils fait ? Ils ont mis des droits à l'entrée sur les produits étrangers, et, à l'aide de ces droits, non-seulement ils ont payé 5 à 600 millions de leur dette, mais ils ont créé une grande agriculture, une puissante industrie, et ils ont atteint une grande prospérité. Ah ! oui, je sais qu'on me dira : Mais il y a des faillites aux Etats-Unis ! Messieurs, les Américains ne regardent pas la faillite comme nous en France. Il paraît que c'est pour eux une preuve de talent que d'avoir pu obtenir beaucoup d'argent et de s'en servir hardiment. On s'est trompé, c'est pour le compte des prêteurs, ce n'est pas pour soi-même, et, on recommence. (Rires.)

Pour nous, quand nous voyons le développement immense de la production américaine au point de vue industriel et agricole, nous ne pouvons faire autrement que de dire : Ce pays, tout en acquittant sa dette, en reprenant ses paiements en argent, — car on ne viendra pas nous dire que les Etats-Unis se sont ruinés ; ils ont fait des emprunts, et vous savez comment ils les paient ? Ils offrent leur argent et personne n'en veut plus, on aime mieux leur papier, — ce pays, voilà où l'a conduit le système opposé à celui des gens de Manchester ! Voilà ce qui s'est passé pour les Etats-Unis. Mais le Canada, colonie anglaise, que vient-il de faire ? Il a voté 20 °/₀ de droits sur les produits de la Métropole. Savez-vous pourquoi les Canadiens ont fait cela ? pour payer aussi leurs dettes, pour payer leurs canaux, pour arriver à l'amélioration de leur pays, et pour créer là encore une grande industrie en face de l'industrie métropolitaine. Que reste-t-il à l'Angleterre ? les Indes, et là encore ils rencontrent des droits sur leurs produits.

Partout il en est de même. Depuis quinze ans, les gens de Manchester ont tellement trompé sur la qualité de la marchandise vendue, qu'on leur a fermé les portes et qu'on a rejeté leurs produits falsifiés qui, vendus à vil prix, ont ruiné leurs concurrents en trompant les consommateurs. Je ne veux pas faire aujourd'hui le procès des Anglais, il n'y en a peut-être pas dans cette assemblée, et il n'est pas noble d'accuser et d'attaquer des absents qui ne peuvent pas se défendre. Mais enfin nous savons, et ceci je ne crains pas de le dire à la face de la France et de l'Angleterre, qu'une partie des déceptions que l'Angleterre éprouve tient à l'immense fraude dont elle a couvert le monde tout entier en envoyant du kaolin, de la terre de pipe, des sels de cuivre, de zinc, etc., au lieu de produits qui devaient s'appeler de la soie, de la laine et du coton. Voilà ce qu'ont fait les Anglais ; ils ont perdu leur réputation de producteurs et en même temps ils se sont fermé les portes du monde entier. A l'exception des pays sauvages, il ne leur reste que la France à exploiter.

Les traités de commerce dont vous vous occupez, avec qui peuvent-ils être faits ? avec l'Angleterre ; mais que vous a-t-elle accordé en 1860 ? Qu'on me le dise ; elle n'a accordé aucune réduction sur les blés, il n'y avait aucuns droits et elle ne pouvait s'en passer. Sur les beurres, sur vos produits de basse-cour, sur la viande qu'elle allait chercher dans le monde entier, elle ne nous a rien accordé. Elle a accordé une réduction de droit uniquement sur les vins, et vous avez espéré en tirer un bénéfice !

Vous n'avez qu'à relire ce qui s'est dit alors dans les documents officiels et les discours prononcés par les hommes qui portaient à la tribune la parole contre moi. Ils vous disaient : Vous aurez dans l'Angleterre un débouché immense de vos produits de la Gironde. Savez-vous où ils en sont les Anglais ? ils n'en sont pas encore à boire une bouteille de vin par tête et par an, tandis qu'un bon Français en boit bien 2 ou 3 par jour (Rires) ; voilà, Messieurs, le débouché immense que devait nous donner l'Angleterre. (Bravo ! Bravo !)

Savez-vous ce que le Royaume-Uni boit de vins français à l'heure qu'il est? Un peu moins que nos braves compatriotes et amis de la ville de Bordeaux. Bordeaux boit 447,000 hectolitres de vins par an et l'Angleterre tout entière 320,000 hectolitres. (Hilarité générale). Ainsi, jugez ce que sont ces Bordelais à côté de toute l'Angleterre. (Nouveaux rires.)

Et quand je vois que ces réductions de droits si incroyables devaient vous donner des débouchés indéfinis pour vos vignobles, et le résultat auquel on est arrivé et que nous sommes en présence d'une production de vin qui est passée de 40 millions d'hectolitres à près de 80 millions une année, à 70 une autre, je me dis : Mon Dieu! qu'est-ce qui a donc consommé tout ce vin-là ? eh ! ce sont les Français tout simplement ; et encore ils ont des droits énormes à payer dans les villes, des droits équivalents à ceux qu'on paie pour faire entrer les vins en Angleterre. Que les libres-échangistes, que j'estime de tout mon cœur quand ils sont dans leur cabinet et que je cause avec eux, mais qui ne vivent ni dans nos fermes, ni dans nos ateliers, cherchent donc, bon Dieu ! à faire la campagne du libre-échange à l'intérieur ! qu'ils fassent dégréver les produits de l'Agriculture à l'intérieur (Double salve d'applaudissements) avant de faire dégrever les produits de l'étranger ! Comment ! vous voulez que moi qui produis du blé, moi qui produis de la viande, j'aille lutter contre l'étranger qui ne paiera aucun droit à l'entrée, tandis que vous m'imposez un droit énorme sur mes produits avant leur sortie de la ferme ; comment, moi Français, je ne puis pas porter de ma grange au marché un sac de blé, 100 kilos de froment, sans avoir payé 3 francs au percepteur et au fisc, et vous voulez que l'étranger qui arrive dans mon port à moi, dans le port de Rouen, ne paie aucun droit? Cette année, il est arrivé à Rouen plus de blé américain que dans aucun autre port du monde. (Voix : excepté Marseille!)

M. Pouyer-Quertier. — Pardon, plus qu'à Marseille; Marseille a reçu moins de blé américain que nous ; elle a pu en recevoir de la Mer Noire, mais je ne parle que des blés américains. Il en est arrivé chez nous plus que partout au monde, plus qu'à Liverpool, plus qu'à Londres ! Eh bien, savez-vous ce qu'il en coûte pour faire venir

100 kil. de ce blé de New-York ou de New-Orléans à Rouen? 3 fr. 0/0 kil.; moins que le droit que vous payez à l'Etat pour faire sortir votre blé de la ferme, et vous voulez que la France ne tienne pas compte de ces modifications qui se produisent dans la situation économique à des époques inconnues, indéterminées? Vous voulez que la France s'engage pour dix ans, sans savoir ce que deviendra l'avenir, sans connaître dans quelles conditions se produiront sur nos marchés les produits étrangers; vous voulez qu'aujourd'hui le gouvernement nous engage pour dix ans dans de nouveaux traités de commerce qui ne nous ont été, en quoi que ce soit, profitables depuis vingt ans?

Et on voudrait aujourd'hui que nous ne puissions pas dire : non. Nous voulons bien un tarif général, nous admettons un tarif qui nous donnera, comme disait tout à l'heure M. Robert Dehaut, la stricte compensation des charges directes ou indirectes qui pèsent sur nos produits, mais nous vous demandons de ne pas faire de traités, car ce qui se passe aujourd'hui est pour nous la preuve que les transformations qu'on a indiquées peuvent se reproduire et dans des conditions plus malheureuses pour le pays. Vous ignorez l'avenir, nous aussi; mais il n'est pas permis au gouvernement d'aliéner la liberté de la nation sans savoir où il va. Donc, il ne faut pas, vous représentants du pays, aliéner pour dix ans la liberté de la France. (Applaudissements.)

Nous vous demandons de nous donner des droits compensateurs, mais nous vous supplions surtout de ne pas nous lier pour dix ans. L'invasion des produits américains est d'une date plus récente. Les Américains ont dû d'abord payer leur dette, développer leur industrie et leur agriculture; mais enfin, vous savez bien qu'on ne développe pas l'agriculture en un jour, que ce n'est pas l'affaire de mois et de mois, qu'il s'agit d'années et d'années. Il a fallu des années pour développer la production agricole aux Etats-Unis. Aujourd'hui, l'Amérique produit 400 millions d'hectolitres de blé, c'est-à-dire quatre fois plus que la France. Elle produit en outre 500 millions d'hectolitres de maïs, et elle les produit à des conditions telles que vous ne pouvez pas les obtenir en France.

Si vous n'imposez pas sur ces produits des droits compensant au moins les charges qui pèsent sur nous, vous ruinez notre agriculture, vous ruinez notre pays; car la ruine de notre agriculture, c'est la ruine de la France entière!

Pour les vins, nous n'avons, Messieurs, de vrais consommateurs, et les Bordelais le reconnaîtront plus tard, que dans la population française; c'est elle qui boit les vins français, et quand on vient nous parler de l'exportation et de l'utilité d'avoir des débouchés au dehors, nous demandons qu'ils se développent; mais la véritable consommation pour les 90/00 de la production, c'est en France qu'elle a lieu; ce sont les villes industrielles, ce sont les pays agricoles qui consomment! Par conséquent, c'est là surtout qu'il faut chercher, en développant la prospérité de nos campagnes et de nos industries, l'accroissement de la consommation des produits vinicoles de notre pays. (Bravos et applaudissements répétés.)

Je dis donc : non, ne faites pas de traités de commerce! Ce n'est pas d'une question politique qu'il s'agit là. Je le demande aux agriculteurs de France : Quels ont été les résultats des traités de commerce pour nos produits? Que celui qui peut citer un fait, un résultat favorable s'avance ici; s'il y en a un dans l'assemblée, je voudrais le voir.

Au point de vue des vins, vous connaissez toutes les illusions dont on s'était bercé. Eh bien, en 1859, en 1858, avant les traités de commerce, la France exportait de 220 à 225 millions de francs de vins par an; exporte-t-elle davantage aujourd'hui? On a sacrifié les industries du Nord, on a réduit leur développement, on a empêché leur extension, mais au moins les Bordelais et les vins en ont-ils profité? Je demande à eeux qui connaissent les chiffres de me les dire. Y a-t-il quelqu'un ici qui osera soutenir qu'on exporte de la France au-delà de 225 millions par an, depuis 1860? Ce fait s'est-il produit une seule année? Non, vous en êtes à 180 et 185 millions d'exportation, après avoir atteint 225 millions avant les traités de commerce. Pendant ce temps-là, la France augmentait sa consommation de 30 millions d'hectolitres par an, et à l'extérieur vous exportiez peut-être plus d'hectolitres, mais des hectolitres médiocres, des vins à cinq francs la caisse, y compris le verre, le bouchon, la cire, les étiquettes, la paille, le bois et que sais-je? Tout ce qu'on met dans la caisse. (Rire général.)

La vérité, en un mot, c'est que vous êtes aujourd'hui à 181 ou 182 millions d'exportations, importations compensées, tandis qu'en 1859 vous en étiez à 225 millions.

Je demande un Bordelais ici pour qu'il me dise où sont passés les bénéfices dont on nous a tant parlé, où sont ces merveilleux résultats qu'on espérait. (Rires et applaudissements.)

Pour moi, je cherche à en trouver un, je demande à les voir partout pour qu'ils me prouvent quel bénéfice ils ont tiré de ces exportations, mais je n'en rencontre pas. (Nouveaux rires.) Je laisse l'industrie vinicole de côté, mais enfin puisque nous en sommes aux bénéfices que nous devions retirer de ce traité, il nous est bien permis de regarder ce qu'ils ont produit. Ce qu'ils ont produit? beaucoup de mal à l'agriculture, parce que, cela est vrai, on n'a rien stipulé en sa faveur dans ce traité de commerce, mais on a beaucoup stipulé contre elle (Rire approbatif.), car on a supprimé, par suite de ces traités, tous les droits qui pesaient sur les matières premières que notre sol produit : bestiaux, laines, cuirs, graines oléagineuses, etc., etc. (C'est vrai, c'est vrai !)

Il y a aussi la soierie de Lyon pour laquelle on avait fait également des rêves merveilleux; on espérait voir doubler ses exportations qui de 1850 à 1860 étaient arrivées à 500 millions; où en sont-elles? qu'on nous apporte les chiffres; que les Lyonnais, qui sont nos adversaires, nous indiquent les bénéfices qu'ils ont trouvés au traités. Leurs exportations de 499 millions, en chiffres ronds, 500 millions en 1860, sont tombés au-dessous de 300 millions : 200 millions de pertes ! Si c'est au nom de cette industrie qu'on nous propose de sacrifier les autres et l'agriculture française, je demande qu'au moins on nomme un syndicat de libres-échangistes et de protectionnistes et que nous puissions établir rigoureusement les chiffres, ils sont dans les tableaux de douanes, et enfin que nous puissions nous trouver face à face et dire à nos adversaires : voilà le résultat auquel vous êtes arrivés !

Je disais tout à l'heure : on n'a rien stipulé en faveur de l'agriculture, non, rien ! mais on a stipulé contre elle ; à l'exception des vins dont l'entrée a été réduite en Angleterre, où ils ont trouvé le débouché que je viens de vous dire, on n'a stipulé que contre l'agriculture, et voici comment :

Avant les traités, l'industrie française employait les laines et tous les produits de notre sol en concurrence avec l'étranger. Au moment des traités, on s'est dit : ces industries-là ne peuvent pas vivre, il faut leur donner les matières premières à bon marché. Par quels moyens ? Comment leur donner la laine à aussi bas prix qu'en Angleterre ? Il y a un moyen bien simple, c'est de supprimer les droits qui pèsent à l'entrée sur la laine, c'est ce qu'on a fait et il en est résulté que les laines étrangères qui payaient des droits importants, ne paient quoi que ce soit à nos budgets ; elles ont été complétement dégrevées et aujourd'hui on ne paie plus un centime sur les laines venant de l'étranger ; celles envoyées d'Angleterre et de ses colonies sont affranchies de toute taxe. Pour les lins, pour le chanvre, c'est la même chose, en un mot pour tous les produits. Il est arrivé ceci, c'est que l'agriculture, qui n'avait pas été comprise dans le traité de commerce, a vu tous ses produits affranchis des droits qui la protégeaient. Il en a été de même pour les graines oléagineuses, en un mot tous les produits de l'agriculture sont restés sans aucune compensation aux charges qu'ils supportent, et nous sommes aujourd'hui, sans bénéfice pour l'industrie, dans la situation que vous connaissez, c'est-à-dire que les laines étrangères, les lins, les produits oléagineux sous toutes formes, les matières de toute nature, les huiles, etc., entrent sans droits.

Vous voyez donc que si cette assemblée décide qu'on pourra encore faire des traités, il se reproduira naturellement ce qui est arrivé en 1860, on vous laissera sans aucune compensation contre les charges que vous avez à supporter sur tous les produits de votre sol. Dans ces conditions, je demande que vous disiez au gouvernement tous les dangers que court l'agriculture et qu'on mette sur les produits étrangers la charge qui pèse sur tous les vôtres. Il n'y a là rien d'exagéré, vous ne demandez pas de protection, vous demandez que l'étranger soit traité chez vous comme vous-mêmes, que cet hectolitre de blé, qui ne paie rien pour entrer, paie autant que l'impôt que vous supportez et que vous estimez à 3 francs, avant de pouvoir le porter au marché. Je ne vois pas pourquoi le blé étranger serait traité plus favorablement que le produit national qui sort de notre ferme. Soyons chez nous traités comme la nation la plus favorisée. (Applaudissements. Explosion de bravos !)

J'entendais tout à l'heure mon honorable collègue, M. Vingtain, dire : Prenez garde, vous ne pouvez pas imposer le blé ; si le blé augmente, comment ferez vous? Vous ne pourrez pas mettre un droit sur un produit quand il sera cher, ou vous rétablirez l'échelle mobile, et elle n'a pas produit tous les résultats qu'on en espérait.

Il y a deux réponses et deux moyens : ou vous donnerez à l'agriculture sur tous ses produits autres que le blé, la compensation des charges qu'elle supporte sur sa production de blé, ou vous direz : chaque hectolitre de blé qui sort de la ferme française, paie 3 francs de droits à l'Etat, chaque hectolitre de blé étranger qui entrera paiera 3 fr. Vous dites maintenant : Quand le blé dépassera 25 ou 30 fr. l'hectolitre, vous ne pourrez pas maintenir ce droit ; je vous l'accorde, mais vous pourrez dire que ce droit ne sera perçu que jusqu'à 25, 26 fr. l'hectolitre ou 30 fr. les 100 kilogrammes.

Ce chiffre sera déterminé par les pouvoirs pour disparaître toutes les fois que le prix du pain dépassera trois sous et demi la livre ; à partir de là, l'agriculture n'en demande pas le maintien, elle veut aussi bien sa sécurité que le bon marché du pain, et elle n'a pas intérêt à ce que le blé soit à un prix exagéré. Mais notez bien que le régime protecteur n'a pas ce résultat ; vous n'avez qu'à jeter les yeux sur les Etats-Unis ; est-ce qu'ils ne sont pas protectionnistes à outrance comme vous n'oserez pas l'être ? est-ce qu'ils n'ont pas de droit sur tous les produits venant de l'étranger, et des droits de 30, 40, 50, 60 et 70 0/0 ? Qu'on ose donc me soutenir que la vie y est plus cher qu'en France, en Angleterre ou en un autre pays d'Europe ! Je vous répondrai simplement ceci : si le blé est plus cher aux Etats-Unis qu'en Angleterre et en

France, comment en arrive-t-il tant et à si bon prix dans nos ports? Evidemment il a payé le transport et on l'a acheté avec l'espoir d'un bénéfice. Le jambon, le cochon dont on a parlé, s'il était si cher aux Etats-Unis, ne pourrait pas venir chez nous. Il y arrive cependant à moitié prix de ce que nous pouvons le vendre. Et le blé, il est aujourd'hui aux Etats-Unis à 18, 20 fr. les 100 kil. et rendu à Rouen à 21, 24, 25 fr. les 100 kil. Est-il plus cher aux Etâts-unis parce qu'il y a un système protecteur? Vous voyez bien que c'est le contraire qui a lieu.

C'est encore une rangaine libre-échangiste à mettre au rebut avec toutes les utopies et les doctrines de cette néfaste et ruineuse école de Manchester.

Enfin, il en est de même pour tous les produits qui servent à la vie alimentaire. Oui, le régime protecteur a produit aux Etats-Unis ce qu'il avait produit en France autrefois; il a démontré que le pays où la vie est le meilleur marché est celui qui est le mieux protégé. C'est ce qui est arrivé aux Etats-Unis, et c'est ce qui arrivait en France quand vous n'aviez pas levé des barrières dont la suppression vous a permis d'exporter un bœuf pendant qu'on vous en faisait rentrer six derrière le dos; d'expédier 10,000 moutons quand on vous en envoyait 30,000 ou 40,000 d'Allemagne la même semaine. Voilà les débouchés que vous avez trouvés. Le pays en était plein; vous en avez ôté 10,000 moutons, on vous en a rendu 40,000, et avec cela vous n'avez pas eu la vie à bon marché, car d'où vient-elle, la vie à bon marché? Du développement de la production même du pays, de la prospérité que vous répandez par le travail de toutes les classes, du travail que vous développez, de ce que l'ouvrier payant son pain 4 sous ou 3 sous et demi, gagne 3 fr. 50 et 4 fr. par jour, et qu'il est occupé tous les jours lui et sa famille, depuis sa femme jusqu'aux plus petits enfants. Voilà comment on a la vie à bon marché! Mais elle ne consiste pas à vendre une denrée à bas prix, elle consiste à avoir une somme considérable pour acheter cette denrée. (Vive approbation.) Tout est relatif! (Applaudissements.)

Voilà la vérité; pour le reste, l'appel aux passions politiques, l'effroi que cela produirait, le pays finira par savoir à quoi s'en tenir. Les vrais amis de l'ouvrier sont ceux qui lui disent : Oui, tu paieras ton pain 3 sous 1 centime au lieu de 3 sous, mais tu gagneras 20 sous de plus par jour et ton travail sera régulier. Voilà la vie à bon marché, tout le reste n'est qu'illusion, et il est impossible qu'on laisse l'agriculture française dans la situation où elle se trouve aujourd'hui. Je suis heureux de féliciter mon honorable compatriote, M. Estancelin, d'avoir songé, avec les Sociétés d'Agriculture de la Seine-Inférieure, à réunir ici tous les agriculteurs de France représentés par les éminents délégués des Comices.

Oui, nous devons être tous unis, le Midi est le consommateur des produits du Nord, et le Nord est le consommateur des produits du Midi.

Soyons convaincus que toutes les les théories qu'on a fait miroiter depuis dix ans, sont absolument trompeuses et qu'elles ne peuvent qu'augmenter la détresse que vous connaissez, car enfin je veux bien ne pas exagérer et ne pas faire un tableau fâcheux de la situation de la France, mais enfin si vous continuez à maintenir l'agriculture dans la situation où elle est placée, les fermages diminueront, la propriété perdra de sa valeur, les salaires seront réduits et l'aisance générale du pays décroîtra. (Applaudissements.)

Je viens faire appel à votre concours pour lutter contre ce courant et le faire remonter. Eh quoi ! voudrait-on vous faire imiter l'Angleterre ? Mais on vous l'a dit tantôt, l'Angleterre est l'aristocratie par excellence ; c'est elle qui a inventé le libre-échange, ce sont les manufacturiers de Manchester qui, à bout de ressources, ont convaincu leur pays qu'il fallait proclamer la liberté commerciale parce qu'ils étaient les plus forts et en état de lutter contre le monde entier.

J'ai compris par la discussion qui a déjà eu lieu dans cette enceinte, que certains de nos collègues hésitaient à réclamer des droits sur les produits agricoles, parce qu'ils n'espéraient pas les obtenir du gouvernement et des Chambres. Mais, Messieurs, est-ce que les Chambres et le gouvernement ne doivent pas se soumettre aux volontés de la nation, est-ce que l'agriculture et ses dérivés, ne représentent pas 25,000,000 de français. Est-ce que ce n'est pas notre opinion qui doit former celle des Chambres et du gouvernement, est-ce que les députés et les sénateurs ne sont pas nos mandataires, est-ce qu'ils ne doivent pas se soumettre à notre volonté qui est celle du suffrage universel ? Ne craignez donc pas d'exiger de nos mandataires, c'est notre droit, le vote des mesures que vous considérez comme la sauvegarde de notre prospérité et du salaire de nos ouvriers. C'est notre droit, je dis plus, c'est notre devoir.

Mais êtes-vous allé en Angleterre depuis quelques années, avez-vous pu être témoin de cette effroyable et désastreuse crise qui pèse sur ce pays depuis cinq années, avez-vous vu le tableau affreux de la situation de ce peuple affamé jouissant de la liberté commerciale dans toute sa plénitude et tous ses avantages, avec le blé à bon marché, avec la viande à prix réduit que lui fournissent les pays étrangers ?

Est-ce qu'il y a un homme qui voudrait voir les ouvriers de France réduits à la misère, à l'indigence, à la détresse où en sont aujourd'hui les ouvriers de toute la Grande-Bretagne ! Partout où on a épuisé les ressources des sociétés de bienfaisance qui devaient les soutenir, vous n'avez plus que la réduction des salaires ; cette réduction a commencé par 10 %, elle s'est étendue à 20 % puis à 30, à 40, elle est aujourd'hui à 50 % et même à 60 à Blackburn, Preston et Manchester. Les hommes qui gagnaient 6 fr. sont réduits de 3 fr. 50 par jour. Ceux qui gagnaient 3 fr. n'ont plus voulu que nous, Français, qui vivons dans un pays agricole plus que manufacturier, nous allions imiter cette Angleterre qui devait nous donner la démonstration de la plus grande prospérité du monde, que nous allions livrer notre agriculture et notre industrie à l'étranger ? Non, restez maîtres chez vous, soyez maîtres de vos tarifs.

Les tarifs sont des impôts, les impôts sont votés par la Chambre, et le jour où vous supprimez un droit de douane dans le tarif, c'est l'agriculture française, c'est le contribuable français qui la paie. Je demande que les produits étrangers qui entrent chez nous, acquittent les charges qui leur incombent en raison des principes que M. Robert Dehaut et moi avons énoncés ; que ces charges soient un dégrèvement de celles qui pèsent sur l'agriculture et sur la production du pays. Voilà comment j'entends faire la liberté commerciale à l'intérieur. Mais restez maître de vos tarifs, ne livrez pas à l'étranger la libre disposition de vos impôts. J'ai passé, Messieurs, par cette cruelle situation en 1870, quand j'ai conseillé à M. Thiers, qui l'approuvait, de mettre des droits sur les produits venant de l'étranger, lorsque nous avons dit : avec cela nous dégréverons le pays de 150 millions qu'il paie aujourd'hui. Qu'est-il arrivé ? l'Angleterre a répondu : Cela ne nous regarde pas ; payez vos impôts comme vous pouvez, mais vous avez un traité de commerce, vous êtes liés, vous ne pouvez pas le briser. Jamais, Messieurs, jamais je n'ai senti avec plus de douleur la pression de l'étranger et sa puissance sur mon pays que le jour où je n'ai pas été maître de supprimer ainsi une partie des impôts qui nous écrasaient. (Triple salve d'applaudissements.)

Il faut avoir passé par ces dures épreuves, avoir un cœur français et dévoué à son pays, pour avoir senti quand on n'avait plus un sou dans sa caisse, pour bien comprendre le sentiment que nous avons éprouvé, quand nous avions là le moyen d'affranchir le pays de détestables impôts, quand on était obligé de le surcharger d'impôts tracassiers, misérables au lieu d'un droit qui donnait 150 millions en imposant les laines, les matières tinctoriales, en imposant les produits agricoles de toutes les nations ! Au lieu de cela, qu'a-t-il fallu faire ? imposer toute espèce de chose et cela parce que nous n'étions pas libres, parce que nous étions enserrés dans les étreintes des traités de commerce. Oh ! Messieurs supprimez ces chaînes ruineuses qui pèsent sur la France. (Sensations.)

Messieurs, je dis qu'un pays noble comme la France ne doit jamais aliéner sa liberté. Notez-le bien, l'Allemagne avec laquelle nous traitions si douloureusement alors entre dans la même voie, elle prépare des tarifs, elle veut relever son industrie, elle a assez des fers anglais, des cotons anglais, des tissus anglais, elle veut les faire elle-même et rétablir la prospérité chez elle. Et vous iriez vous lier avec qui ? Avec l'Angleterre qui ne peut vous offrir aucun débouché, vous donner aucune compensation ? Ne le faites pas, soyez fermes et demandez au gouvernement de ne plus faire de traités de commerce, de discuter tranquillement ses tarifs, de préparer un tarif général et une fois ce tarif arrêté, fixé avec les compensations justes qu'il doit établir, nous nous soumettrons tous à la loi. Mais restons, comme je vous l'ai dit, maîtres de notre pays, de nos tarifs, de nos impôts et n'aliénons jamais la liberté de la France ! (Applaudissements prolongés. — Un grand nombre de membres entourent et félicitent M. Pouyer-Quertier.)

M. le Président. — Quelqu'un demande-t-il la parole ? (Aux voix ! aux voix !)

M. Dehaut. — Je demande la parole sur l'ordre de la discussion.

M. le Président. — Vous avez la parole.

M. Dehaut. — Je crois entrer dans la pensée de l'éloquent orateur qui vient de terminer, en demandant que le 1er article soumis au vote soit l'article 4, qui est relatif au tarif général. Je crois que nous sommes maintenant unanimement d'accord sur ce point, point capital pour l'agriculture, qui est l'établissement d'un tarif général de douanes en ce qui concerne les denrées agricoles, et dans lequel il sera tenu compte des tarifs que nous payons.

C'est là le point qui nous touche avant tout et c'est pour cela que je demande qu'il soit procédé d'abord au vote de l'article 4, les autres questions pourront être développées ensuite (Mouvements divers.)

Un membre. — Je demande également la parole pour une motion d'ordre. Je désirerais que l'on votât d'abord sur l'article 1er du programme de la société de la Seine-Inférieure qui me paraît avoir résolu la question.

L'article 1er dit en effet :

« Aucun traité de commerce ne sera renouvelé ou conclu, mais un tarif général sera établi sous forme de loi. »

Voilà ce sur quoi nous sommes tous d'accord... (Interruptions.) Messieurs, laissez-moi continuer, je vous prie, pour que nous connaissions bien les conditions du vote, ses conséquences, et que la discussion ne s'égare pas davantage... (Nouvelles interruptions.) Je n'ai que quelques mots à dire, mais il est nécessaire que nous envisagions immédiatement toute la question :

1° Aucun traité de commerce ne sera renouvelé ou conclu, mais un tarif général sera établi sous forme de loi ;

2° Le gouvernement devra se préoccuper activement de la fondation d'institution de crédit agricole ;

3° Les taxes douanières réclamées par l'assemblée seront appliquées à la réduction des impôts indirects qui frappent les objets de consommation, notamment les boissons et les sucres ;

4° Dans tous les cas, l'agriculture ne sera pas livrée seule à la libre concurrence des produits étrangers. Mais elle sera l'objet de mesures protectrices égales à celles dont bénéficierait l'industrie.

Puis vient, après une longue discussion, un projet de tarifs.

Il faudrait, ce me semble, suivre l'ordre de cette discussion et résoudre d'abord les questions posées par la société de la Seine-Inférieure ; on arriverait ensuite à la question des tarifs, on examinerait les chiffres proposés pour chacun des produits agricoles ; ils sont au nombre de 50 au moins, si je ne me trompe.

Il me semble, je le répète, que l'ordre de la discussion doit être ainsi maintenu, et je crois que l'honorable M. Dehaut se trompe quand il veut intervertir cet ordre...

Voix diverses. — Mais non ! ce n'est pas cela !

M. Lhotelain. — J'ai mal compris?... soit, mais je crois que si nous avons dès le commencement un principe à poser, c'est celui-ci. Après le discours de M. Pouyer-Quertier il n'y a pas d'hésitation possible, nous devons faire unanimement cette déclaration : « Il n'y aura pas de traités de commerce. »

M. le Président. — La question ne peut être tranchée que par un vote.

L'assemblée est-elle d'avis de voter d'abord sur l'article 1er.

L'assemblée consultée décide qu'il y a lieu de procéder au vote de l'article 1er.

M. le Président. — Je donne la lecture de cet article, avant de le soumettre au vote :

« Aucun traité de commerce ne sera renouvelé ou conclu. Mais un tarif général sera établi sous forme de vote. »

(L'assemblée consultée adopte à l'unanimité, moins 5 voix, la rédaction de l'article 1er.)

M. LE PRÉSIDENT. — Quant à l'article 2, il faudrait pour l'approfondir, une discussion beaucoup plus longue et je crois que nous pouvons l'ajourner.

M. DEHAUT. — Il faut l'ajourner, c'est une question étrangère au débat actuel. (Adhésion.)

M. LE PRÉSIDENT. — Nous passons alors à l'article 3 :

« Les taxes douanières, réclamées par l'assemblée, seront appliquées à la réduction des impôts indirects qui frappent les objets de consommation, notamment les boissons et les sucres. »

M. VIANNE. — Je désirerais, Messieurs, faire une observation à ce sujet ; le Comice agricole, que j'ai l'honneur de représenter, voudrait que l'on ajoutât à cette rédaction : « Le droit de mutation sur les échanges a pour but de favoriser... la reconstitution de parcelles trop morcelées pour être cultivées avec avantage. »

C'est là une question importante pour les départements dans lesquels la propriété est morcelée... (Interruptions en sens divers.)

Un membre. — Nous ne pouvons pas nous occuper de tous les cas particuliers. (Approbation.)

M. LE PRÉSIDENT. — L'observation a cependant sa valeur.

M. VIANNE. — Je ne fais qu'exprimer ici un vœu émis par notre comice pour être porté à votre réunion.

Nous demandons l'addition de ces mots :

« Notamment aussi des droits de mutation qni grèvent les parcelles d'une contenance moindre de trois hectares. »

Je répète que cette disposition aurait pour but de favoriser la reconstitution de la propriété rurale dans les départements où elle est morcelée.

M. DEHAUT. — Je demande que l'on écarte cet article comme l'article 2 ; en effet, dans ces deux articles sont traitées les questions douanières. L'article 4 viendrait alors tout naturellement se joindre à l'article 1er, ainsi que je le disais tout à l'heure.

M. Mariage. — Je serais tout à fait de l'avis de M. Dehaut si l'article n'avait pas été proposé ; si maintenant vous le retranchez, vous enlevez toute espèce d'intérêt aux réclamations qui peuvent se produire ailleurs au sujet des boissons et des sucres.

J'entendais, il y a un instant, divers membres dire que cette question ne nous intéressait pas ! — c'est une erreur.

Vous proposez une rédaction ; on vous demande d'en retrancher : « Particulièrement les « droits sur les boissons et sur les sucres. » Or, si l'assemblée juge à propos de repousser ce paragraphe, cela signifiera, pour les personnes qui n'ont pas assisté à nos travaux, que la question n'a pas, au point de vue agricole, l'importance que nous y attachons.

Une voix. — Mais c'est là un cas tout particulier! Nous n'avons pas à le juger ! (Approbation.)

M. Lambert (Vosges). — Permettez, Messïeurs ; les comices agricoles représentés ici n'envisagent pas la question au même point de vue que vous !

M. Mariage. — J'insiste donc, et du moment que la question a été posée, je demande qu'elle soit résolue et qu'elle soit maintenue à l'ordre de nos discussions. (Mouvements en sens divers.)

Si vous le désirez,. Messieurs, je vais vous en démontrer, en deux mots, l'importance...

Voix. — Non ! non ! c'est inutile.

M. le Président. — Il y a là deux questions qui se posent : le maintien de la proposition, puis un amendement. Je vais mettre aux voix d'abord le principe de la question, puis l'amendement.

M. Dehaut. — Pardon, monsieur le président, on vote d'abord sur l'amendement.

M. le Président. — L'observation de M. Dehaut est très juste, mais je m'exprime mal, ce n'est pas à proprement parler un amendement, c'est un paragraphe additionnel.

M. Dehaut. — Je demande que l'on mette aux voix le maintien ou le rejet de l'article purement et simplement.

M. le Président. — Je mets aux voix l'article 3, il est ainsi conçu :

« Les taxes douanières réclamées par l'assemblée seront appliquées à la réduction des impôts indirects qui frappent les objets de consommation notamment les boissons et les sucres. »

(L'assemblée consultée adopte l'article 3.)

Un membre. — Je désire présenter une observation sur cet article.

M. le Président. — Ce n'est pas possible, le vote est acquis. Si mes souvenirs sont bien fidèles, il me semble que lors de la discussion de cet article, discussion à laquelle j'ai assisté, on a donné pour le maintenir, cette raison qu'il fallait répondre à cette accusation que l'on nous adresse de ne pas nous occuper des besoins de la classe ouvrière et d'être guidés par une pensée égoïste.

Au moment où l'on pouvait demander des sacrifices à des gens que l'on indispose contre l'agriculture, celle-ci a tenu à montrer qu'elle désirait affecter à des objets de consommation populaire les sacrifices que l'on exigeait d'elle.

Un membre. — M. le président, le vote n'a pas été compris du tout.

M. le Président. — La question a été posée à haute et intelligible voix cependant.

Un membre. — Je demande que l'amendement proposé soit mis au nombre des vœux que nous serons probablement appelés à rédiger ultérieurement, mais je demanderai avant tout que l'on s'en tienne d'abord à la question des traités de commerce.

L'idée de l'amendement me paraît excellente, mais... *non erat hic locus* ! (Très-bien !)

M. le Président. — Je passe à l'article suivant.

J'en donne lecture :

« Dans tous les cas, l'agriculture ne sera pas livrée seule à la libre concurrence des produits étrangers, mais elle sera l'objet de mesures protectrices égales à celles dont bénéficierait l'industrie. »

Quelqu'un demande-t-il la parole ?

Il n'y a pas d'opposition ? — L'article est adopté.

J'arrive aux modifications adoptées par la commission

de la Seine-Inférieure, et que vous n'avez pas eues sous les yeux jusqu'à ce moment.

L'article 5 est ainsi conçu :

« Tous les produits agricoles étrangers seront soumis à un droit compensateur égal à la somme des impôts de toute nature payés par les produits similaires français. »

M. LE PRÉSIDENT. — Il n'y a pas d'opposition à l'article 5 ainsi formulé ? (Non, non.) — Il est adopté.

Il y a alors un tarif général qui a été présenté par la Société de la Seine-Inférieure. Je vais vous en donner lecture. Chaque article sera ensuite successivement discuté si l'assemblée le juge convenable.

Un membre. — Nous avons à discuter la question du droit sur les blés.

M. LE PRÉSIDENT. — Cette question est naturellement comprise dans l'autre et nous y arriverons.

Le Président donne lecture de la nomenclature des objets tarifés.

Une voix. — Cette liste est trop longue pour pouvoir la discuter actuellement (Bruit.)

M. LE PRÉSIDENT. — Messieurs, je vous prie de me laisser terminer l'énumération, je donnerai ensuite la parole aux membres qui la demanderont.

Je viens de vous lire les chiffres arrêtés par la commission de la Seine-Inférieure, je crois que la marche rationnelle de la discussion serait de prendre article par article le tarif qui vient d'être lu et de le faire adopter par l'assemblée si elle y consent, ou bien au contraire de se renfermer dans les termes généraux dans lesquels la question a été posée et d'adresser seulement une résolution sur ces principes généraux au gouvernement.

Un membre. — Il me semble qu'il y a beaucoup d'omissions dans ce tableau, ce sera les consacrer que de voter le tarif dans son ensemble.

Un autre membre. — Il me semble impossible que, dans cette assemblée, nous puissions examiner les questions de détail. Nous ne pouvons pas, ici, émettre un avis sur toutes ces questions-là ; mais le principe, c'est le droit compensateur ; il faudrait donc établir un tableau de ce que paie chaque produit étranger et de ce que paie le même produit français. C'est-là, il me semble, un principe que tout le monde admet immédiatement.

Voix nombreuses. — C'est cela ! C'est cela ! Très-bien !

Un membre, délégué de Joigny (Yonne). — Messieurs, contrairement à ce qui vient d'être dit, je crois qu'il est absolument indispensable de résoudre toutes ces questions. Pourquoi en prendre une au hasard, celle des blés ? Il y a, dans cette assemblée, un certain nombre de membres, et j'en suis, qui sont intéressés dans la question des laines ; il est donc, je le répète, indispensable pour nous que l'on discute ces questions-là.

On nous demande de nous en rapporter à l'appréciation de la Société agricole de la Seine-Inférieure. J'ai, assurément, une grande confiance dans le mérite de ses membres et dans leur jugement, mais j'aime mieux encore faire mes affaires moi-même.

Je suis, en effet, persuadé que, sur la question des laines par exemple, vous ne demanderez pas seulement 10 fr., ainsi que le dit le programme, mais bien 30 au moins.

M. le Président. — Pardon, le programme demande 35 fr. pour les laines lavées. Je prierai l'orateur de vouloir bien poser ses conclusions.

Un membre. — Je demande que l'on discute séparément chacun des droits de douane... (Exclamations.)

Pardon, Messieurs, mais je suis cultivateur et je connais la matière; or, nous sommes ici délégués de presque tous les Comices de France et je crois que si chacun venait nous donner son avis sur les denrées et les produits qu'il connaît bien, on arriverait à un excellent résultat.

Je déclare, pour ma part, que, dans la question des laines, entre autres, je ne reconnais personne plus compétent que moi, je me reconnais parfaitement capable de discuter un tarif et de répondre aux propositions ou aux objections qui pourraient être faites sur ce point.

Je crois donc que nous pourrons parfaitement conseiller le gouvernement sans nous inquiéter de ce que pensent les agriculteurs de cabinet.

M. le Président. — Il y a quelque chose de très-sensé dans ce qui vient d'être dit, mais chaque Comice est mieux à même de juger le tarif qui lui est nécessaire qu'une assemblée générale. Acceptons d'abord les grands principes dans cette réunion et envoyons-les sous forme de vœu au gouvernement, comme vœu général de l'agriculture. Ensuite, chaque Société, chaque Comice pourra formuler des vœux particuliers qui seront discutés dans son sein, on les enverra séparément au gouvernement, qui pourra alors décider en connaissance de cause (Très-bien ! très-bien !

Un membre. — Je demande à l'assemblée la permission de formuler une opinion contraire à celle de notre honorable président ; je suis de l'avis du précédent orateur et je vous demande la permission de vous expliquer pourquoi j'insiste pour que les tarifs soient établis.

D'abord, je pense que si nous ne le faisions pas immédiatement, nous n'obtiendrions pas de résultat, et, dans tous les cas, si les trois cents Comices de France établissent un tarif différent, il en résultera une confusion qui empêchera toute réussite.

Il faut donc, suivant moi, que nous en arrivions à entrer dans la question des tarifs.

Je propose en conséquence de nommer une commission.... (Réclamations), ce n'est peut-être pas votre opinion, Messieurs, mais c'est la mienne et je me permettrai d'insister de nouveau.

Il est absolument essentiel de s'unir sur un terrain commun. Si nous n'adoptons pas ensemble une rédaction unique des tarifs, nous en arrivons à nous diviser sur les détails.

Pour éviter cela, il faut, je le répète, que nous nous entendions et que nous tombions d'accord sur un certain tarif. Or il ne nous est pas possible de le faire en ce moment ; il faut qu'une commission consulte les comices. Nommons donc immédiatement une Commission ; après s'être éclairée elle rédigera un rapoort dont nous discuterons les conclusions dans une nouvelle assemblée générale.

Plusieurs membres. — Lorsqu'on vient de loin, on ne se dérange pas si facilement.

Un membre. — C'est juste, mais nous nous sommes bien déplacés aujourd'hui, nous nous déplacerons bien une fois encore pour une question d'une telle importance.

Il faut que nous arrivions au moins à l'équivalence des charges ; il faut que nous fassions nous-même notre travail, sans nous en rapporter aux appréciations de gens plus ou moins compétents ; nous sommes ici pour défendre nos intérêts.

Mes conclusions tendent à la nomination d'une commission pour l'examen des tarifs. (Bruits et mouvements divers.)

M. Dehaut. — Je partage, sur bien des points, les opinions qui viennent d'être émises ; cependant je pense qu'il ne faudrait pas nous égarer.

Je suis convaincu que, si nous abordons les tarifs, il est certain que nous aurons des avis différents et la discussion sera fort difficile et longue, parce que les opinions sur les tarifs varient beaucoup pour différents motifs. (C'est vrai ! Vive approbation.)

Mais ce qui est de la dernière importance, c'est de discuter immédiatement le tarif des blés ; cela intéresse tout le monde, il faut presser le gouvernement sur ce point et obtenir un droit compensateur sur l'entrée en France des blés étrangers.

Je demande donc qu'avant de penser à nommer une commission, nous discutions le principe du droit compensateur.

La question a été posée depuis longtemps et les opinions sont très-divisées sur ce premier point que l'on semble croire si simple. On a proposé, par exemple, de frapper les blés américains d'un droit de 3 francs ; tout le monde n'est pas de cet avis et je ne suis pas sûr qu'il obtiendrait ici la majorité : il est donc nécessaire que nous entamions cette discussion-là.

M. le Président. — La question, Messieurs, me paraît difficile à scinder, ou il faut nommer une commission.

On nous parle des difficultés que l'on rencontre pour arrêter définitivement un tarif ; eh bien, Messieurs, il me semble précisément qu'une commission qui recevrait des renseignements particuliers de chaque comice pourrait se présenter avec des arguments bien plus forts devant le gouvernement.

La proposition que l'on vient de faire de nommer immédiatement une commission, me paraît donc très-acceptable.

Un membre. — Je ne combats pas le projet de nomination d'une commission, mais je crois qu'une seule commission ne pourra pas arriver à s'acquitter de la tâche qui lui sera imposée. (Exclamations).

Il y a deux mois, Messieurs, la Société d'Agriculture a nommé différentes commissions pour l'examen de questions relatives aux blés, aux laines, etc., et depuis deux mois elles n'ont pu encore arriver à éclairer leur religion. Je demande, si l'on veut faire un travail sérieux, ou que l'on nomme plusieurs commissions, ou, si l'on n'en nomme qu'une, qu'on la subdivise en autant de sous-commissions qu'il sera nécessaire. Je suis convaincu que l'on n'atteindra pas le but proposé sans cela.

M. DE LORDAT. — Il y a une observation que je tiens à présenter à l'assemblée, c'est celle-ci : lorsque les comices ont nommé leurs délégués, ils leur ont donné un mandat spécial, mais ils n'ont pas entendu les autoriser à passer en revue tous les détails de l'agriculture française.

Au point de vue du droit, je crois donc d'abord que nous n'avons pas le pouvoir de faire ce que l'on nous demande, et quand au point de vue pratique, ce n'est pas un jour ou deux qu'il nous faudra si nous entreprenons cette besogne, mais plusieurs mois. (Assentiment.)

En principe, l'idée est excellente lorsque l'on appartient à une société complète et organisée, mais ici nous sommes constitués d'une façon tout à fait accidentelle, c'est pourquoi je pense qu'il nous est impossible d'entrer dans les questions de détail. Je trouve que la question présentée par l'honorable M. Estancelin et par le comice de Dieppe embrasse suffisamment l'ensemble, et, si le gouvernement consent à écouter nos vœux, il lui sera facile de faire centraliser par l'administration les vœux émis par les comices. (Mouvements divers.)

Ce qui était essentiel, c'était de réunir ici les représentant des comices locaux en une représentation unique, parce que jamais, jusqu'à ce jour, l'agriculture n'avait pris en main ses intérêts, et c'est toujours pour ce motif qu'elle a été victime d'intérêts politiques ou autres. (Très-bien ! très-bien !)

Je vous en prie, Messieurs, ne nous divisons pas sur des question de détail, car nous nous perdrions; renfermons-nous aujourd'hui dans ces questions de principe, et nous resterons forts. (Aux voix !)

M. Lhotelain. — Il est un point que je demande à l'assemblée de fixer d'une manière précise, c'est celui-ci :

« Le droit sur le blé sera-t-il positif ou négatif suivant le prix du blé ? »

Plusieurs membres ici présents ont dit que, quand le blé atteindrait le prix de 30 fr., il fallait que le droit fut supprimé. L'assemblée est-elle de cet avis ? (Adhésion.)

Je crois que pour faire taire certaines insinuations malveillantes auxquelles M. Estancelin faisait allusion ce matin, il serait bon qu'une décision fût prise par cette assemblée dans le sens que je viens d'indiquer, en vue de l'intérêt des classes ouvrières.

Je demande que la question soit soumise au vote dans ces termes :

« Quand le blé aura atteint ou dépassé le prix de 30 f. le droit sera supprimé ; au-dessous de ce prix, il sera maintenu. »

M. Pouyer-Quertier. — Vous n'êtes pas, Messieurs, une assemblée permanente et je comprends à merveille que plusieurs d'entre vous ne peuvent pas rester plusieurs jours à Paris, leurs affaires les appelant ailleurs. C'est pour cela que je voudrais diviser la question qui nous arrête ; cela serait fort simple.

Il y a une question très grave, celle des blés, qui préoccupe beaucoup d'entre vous, qui préoccupe le pays tout entier. Cette question-là doit, selon moi, être résolue tout de suite et avec toute la netteté désirable. (Très-bien ! c'est cela !)

L'autre question, c'est celle des tarifs ; elle peut être résolue avec plus de facilité, mais ce n'est pas, après tout, une question de *salus populi*, et tous ces tarifs peuvent très-bien être stipulés d'une manière générale. Vous pouvez dire au gouvernement : « Nous demandons que les droits qui frapperont les produits entrant en France soient équivalents aux droits qui pèsent sur ces produits à l'intérieur. »

Pour résoudre en détail la question des tarifs, il nous faudrait de longues délibérations. Les opinions peuvent être différentes à ce sujet, chacun voit les choses à son point de vue. Telle personne intéressée vous dira : « Prenez garde, ceci est grave, très-important... » Ne vous arrêtez pas à cela, et dites simplement au gouvernement : « Nous désirons que les charges soient largement compensées par des tarifs. »

Cela fait, scindez la question et abordez la discussion sur la question des blés. (Très-bien ! très-bien !)

Quant au tarif général, dites vous que, ne pouvant pas l'établir en connaissance de cause, vous donnez du moins satisfaction à tous les intérêts. (Approbation générale.)

Un membre. — J'appuie ce qui vient d'être dit par M. Pouyer-Quertier. Je demande que la discussion continue et que la question soit résolue d'ici à ce soir. Nous sommes venus ici exprès, nos affaires, nos occupations nous rappellent et nous désirons avoir une solution immédiate. (Adhésion unanime.)

M. le Président. — Il n'y a pas d'opposition ?

Je prie alors M. Pouyer-Quertier de formuler nettement sa proposition, je vais la mettre aux voix.

M. Pouyer-Quertier. — Demandez au gouvernement de vous accorder une large compensation en ce qui touche l'importation des produits étrangers, des charges qui pèsent sur la production.

Un membre. Je demanderai que tout produit étranger soit grevé d'un droit de 10 0/0 *ad valorem* et, en ce qui concerne le blé, que ce droit soit supprimé lorsque le blé aura atteint le prix de 30 fr.

M. Pouyer-Quertier. — Je vous demanderai la permission de ne pas adopter votre proposition, parce que ni vous ni moi ne pouvons dire si c'est à 10 plutôt qu'à 9, 8 ou 6 qu'il faut fixer le montant du droit, avant que la commission des tarifs qui sera appelée à étudier les chiffres ne soit venue vous dire : il y a lieu de fixer la taxe à tant pour cent pour tel produit.

Vous venez dire ici 10 pour cent, soit ! mais il va se trouver quelqu'un qui vous dira 8, 7, 6. — Je suis, quant à moi, tout à fait de votre sentiment, mais enfin, je ne puis pas vous assurer qu'il n'y aura pas de dissentiment.

Je désire donc que le vote soit formulé d'une façon beaucoup plus générale. (Très-bien !)

Un membre. — Je voudrais surtout qu'il fût bien dit, bien entendu que cette réunion n'a pas pour but d'affamer le peuple... (Exclamations.) Mais, Messieurs, permettez, il y a un journal qui a écrit cela en toutes lettres...

Une voix. — Qu'est-ce que cela peut nous faire, nous dédaignons de telles attaques ! (Bruit.)

Le même membre. — Je demande que l'assemblée veuille bien insister sur ce point et affimer hautement qu'elle n'est pas animée de telles intentions. (Nouveau bruit.)

M. le Président. — Vous anticipez sur la discussion ; nous avons à examiner d'abord la proposition de M. Pouyer-Quertier, nous viendrons ensuite à la vôtre.

Avant d'entamer la discussion, je donne communication à l'assemblée d'une lettre de l'officier de service près de M. le Président de la République, qui m'annonce qu'il recevra demain les représentants des Comices agricoles.

En conséquence, je vous prierai de vouloir bien nommer une délégation.

Voix nombreuses. — Le bureau !

Autres voix. — En y joignant M. Pouyer-Quertier !

M. le Président. — Toutes les régions de la France sont-elles suffisamment représentées dans le bureau? Je ne le crois pas, car il me semble que la majorité des membres du bureau appartient à l'Ouest ou au Centre ; il faudrait quelques représentants du Midi et de l'Est.

M. de Kerjégu. — Vous savez, Messieurs, que la France est divisée en douze régions agricoles, les concours régionaux en témoignent. Plusieurs de ces régions se sont trouvées pendant longtemps en opposition d'intérêt et de caractère, il serait donc très-important que la députation qui ira trouver le Président de la République compte dans son sein des représentants de toutes les régions, afin que la délégation eût un caractère d'homogénéité parfaitement établi. (Très-bien ! très-bien !)

M. le Président. — Pendant que l'on fera les recherches nécessaires pour la composition de la délégation, je vais soumettre au vote de l'assemblée la proposition que M. Pouyer-Quertier vient de rédiger ; j'en donne lecture :

« Tous les produits agricoles étrangers seront soumis à un droit compensateur égal à la somme des impôts de toute nature payés par les produits similaires français. »

La proposition, mise aux voix, est adoptée.

Un membre. — Si la question du droit sur les blés doit être entamée immédiatement, je demanderai auparavant à faire une objection au sujet de la composition de la délégation à envoyer à M. le Président de la République.

M. le Président. — Cette question n'est plus en discussion.

Un membre. — Je voudrais simplement compléter ce qu'a dit M. de Kerjégu.

Il ne faudrait pas donner un trop grand développement à cette question ; je sais que la délégation doit être reçue demain et qu'il faut, par conséquent, la composer aujourd'hui ; mais la question des blés me paraît beaucoup plus importante.

Cependant je tiens à faire observer ceci : c'est que, dans le bureau se trouvent beaucoup de personnes appartenant à la région de Paris, et qu'il ne faudrait pas qu'on pût nous accuser de défendre exclusivement les intérêts des environs de Paris. On peut, et c'est un travail bien facile à faire, composer une délégation dans laquelle toutes les régions soient également représentées.

M. le Président. — C'est précisément ce que l'on fait en ce moment, personne ne s'oppose à ce que vous dites.

Un membre. — L'observation qui vient d'être faite est fondée, le bureau, qui doit faire partie de la délégation, est en grande majorité composé de cultivateurs des environs de Paris.

Voix diverses. — C'est une erreur ! — Mais non, c'est fort juste !

Un autre membre. — Chacun de nous a fait inscrire, avec son nom, le nom du département auquel il appartient ; or, il y a, comme on le disait tout à l'heure, douze régions agricoles ; donc il n'y a rien de plus simple, en prenant la liste des inscriptions, que de composer la délégation régulière (Bruit.)

M. le Président. — C'est entendu, on choisira un membre par région ; il va être procédé à ce travail pendant le cours de la discussion.

Un membre. — Je me permettrai d'insister pour que

M. le marquis de Dampierre, notre honorable président de la Société d'agriculture, nous fasse l'honneur de nous représenter.

M. LE MARQUIS DE DAMPIERRE. — Je demande à l'assemblée la permission de décliner cet honneur. Vous venez, Messieurs, d'adopter des conclusions un peu différentes, plus accentuées que celles de la Société que je préside ; vous voudrez bien me permettre de ne pas abdiquer des opinions auxquelles plusieurs autres Sociétés départementales se sont déjà ralliées, pour aller représenter, en votre nom, des idées plus avancées et dont je pourrais, en moi-même, contester l'opportunité.

Je vous le demande en grâce, n'exigez pas un tel sacrifice ; j'ai suivi vos discussions avec le plus vif intérêt, j'ai entendu, avec le plus grand plaisir, les discours qui ont été prononcés par les hommes les plus autorisés, je n'ai pas changé d'opinion ; il est donc convenable à tous égards de me permettre de rester à l'écart, pour les raisons que je viens d'avoir l'honneur de vous indiquer.

D'ailleurs, nous sommes, nous, une Société ouverte à tous, indépendante ; vous êtes ici les délégués de Comices et de Sociétés d'agriculture ayant reçu mandat d'opiner dans un sens déterminé. Il y a donc là deux situations tout à fait différentes ; laissez, je vous en prie, à chacun son action ; nous mettons, chacun de notre côté, tout notre cœur à l'œuvre commune, mais nous tendons au même but par des moyens différents. (Très-bien ! très-bien ! et applaudissements.)

M. LE PRÉSIDENT. — La discussion est ouverte sur la question des blés. (Mouvement d'attention.)

Un des membres de la réunion demandait tout à l'heure que l'on prît pour point de départ une formule qui écartât l'accusation que l'on nous adresse de vouloir affamer le peuple. — Cette formule la voici, ou du moins je pense que cette rédaction ralliera tous les intérêts.

« S'il importe à la population de la France que le pain soit à bon marché, il n'est pas moins important que le prix des grains ne tombe pas assez bas, pour que les cultivateurs ne trouvent pas une rémunération suffisante de leurs travaux. » (Très-bien ! très-bien.)

Un membre. — Je voulais dire tout à l'heure à ce propos que, dans une discussion qui intéresse tout le monde, on a le tort, grave selon moi, de placer en quelque sorte en antagonisme l'ouvrier des villes et celui de la campagne. C'est dans cet esprit qu'un précédent orateur vous disait que l'ouvrier des villes était tout aussi intéressé à la prospérité de l'agriculture que l'ouvrier des campagnes. Cela est bien évident, Messieurs ; quand la patrie est prospère, c'est pour tout le monde ! Il est clair que si l'agriculture venait à mourir, les ouvriers des villes ressentiraient la même misère que ceux des campagnes.

C'est au fond la vieille fable des membres et de l'estomac ; admettons si vous voulez que les ouvriers des villes soient l'estomac, cela n'a rien de blessant dans ma pensée ; les uns ne peuvent pas vivre sans les autres.

Nous sommes réunis ici pour concilier tous les intérêts ; ne commençons donc pas par établir des distinctions entre les ouvriers.

Dans les moments de crise, l'ouvrier de campagne est atteint plus vite, cela est vrai, mais lorsque les propriétaires seront atteints, lorsque tout le monde sera atteint, croyez-vous que les ouvriers des villes qui travaillent à faire ces boiseries, ces glaces, ces peintures, ces dorures qui nous entourent, ne seront pas atteints aussi ? — Evidemment si !

Ne créons donc pas une division qui, en réalité, n'existe pas. Je voudrais que dans les considérations des comices agricoles on mît, non pas tels ouvriers, ceux des villes ou ceux des campagnes, mais tous les ouvriers (Interruptions.)

Il me paraît prouvé que les uns sont aussi atteints que les autres par la misère agricole ; il faudrait donc les unir au lieu de les séparer. (Mouvements divers.)

Une voix. — A la question !

M. de Moustier. — Je demande à l'assemblée de voter le chiffre de 3 fr. comme montant du droit sur les blés. Ce chiffre ne me paraît pas soulever d'objections.

M. le Président. — Personne ne demande la parole ?

M. Dehaut. — Si, je fais mes réserves, je m'expliquerai tout à l'heure ; je voudrais que l'on discutât d'abord la question de la suspension du droit.

M. le Président. — Il a été proposé, en effet, de suspendre le droit lorsque les blés auront atteint et dépassé un certain prix. Quel est le chiffre proposé comme *maximum* ?

Un membre. — Je crois que 30 fr. serait un chiffre raisonnable. (Adhésion.)

M. le délégué (de Joigny). — Au lieu de fixer immédiatement un chiffre, il vaudrait mieux, je crois, adopter ma proposition qui est ainsi formulée :

« Imposer les blés étrangers d'un droit représentant le montant de toutes les charges que nos blés paient à l'Etat. » (Interruption.)

M. Dehaut. — Le vote que vous avez émis, Messieurs, rentre dans la formule que propose l'honorable préopinant.

Mais en émettant ce vote, il a été convenu qu'à cause de l'importance spéciale de la question, nous formulerions un chiffre, c'est pour cela qu'on a voté la division.

Il est donc bien entendu que ce que nous allons chercher ensemble, c'est un chiffre servant de formule générale pour tous les produits agricoles français ayant des similaires étrangers.

M. le délégué (de Joigny). — Pardon, ce n'est pas ainsi que j'ai compris la question : plusieurs de mes collègues et moi avons compris que le blé restait absolument en dehors du vote que l'on nous demandait. (Bruit.) Je fais appel à la mémoire des membres de cette assemblée. M. Pouyer-Quertier a formellement indiqué, dans ses explications, que la question était absolument mise de côté.

Plusieurs voix. — C'est vrai ; vous avez raison !

M. Dehaut. — Ce n'est que la question du chiffre qui a été réservée, il y a ici une équivoque...

M. le délégué (de Joigny). — A la suite des observations de M. Pouyer-Quertier, l'assemblée a décidé que le blé ne serait pas compris dans le vote.

Il faut absolument que nous arrivions à discuter cette question qui est, au fond, la seule : Faut-il frapper le blé d'un impôt, et quel doit être cet impôt ? »

Si on veut poser la question franchement, dans ces termes, je demande la parole pour la discuter. (Interruptions diverses. — Aux voix ! aux voix !)

M. LE PRÉSIDENT. — Je vais donc consulter l'assemblée sur cette première question : « Le blé doit-il être frappé d'un impôt ? »

M. LE DÉLÉGUÉ (de Joigny). — Pardon, monsieur le président, avant le vote, je demande à m'expliquer. (Réclamations).

Je suis venu ici, comme la plupart d'entre vous, Messieurs, pour faire une œuvre pratique, pour présenter au Gouvernement une proposition qu'il puisse accepter : c'est là, quant à moi, du moins, la pensée qui m'anime. Si on met l'agriculture française en situation de produire les céréales à meilleur marché, il n'y aura pas besoin de frapper d'un droit les céréales. (Bruits divers. — Mais c'est la question ! et le moyen ?)

Lorsque de 1840 à 1879 je vois une diminution progressive de 1,800,000 bêtes à cornes, vous voyez la quantité d'hectares de terre qui ont été privées de fumier ; j'ajoute qu'en 1840, l'importation des laines se montait à 17 millions de kilog., et qu'en 1878 cette même importation s'est élevée à 130 millions.

Comment ne voulez-vous pas que l'agriculture soit obligée aujourd'hui de diminuer ses troupeaux, par cette raison toute simple qu'elle ne trouve plus de ses laines un prix rémunérateur. On en est arrivé à considérer le mouton, — c'est même un dicton populaire, comme un mal nécessaire.

Les événements se sont succédé ainsi, jusqu'en 1870. Puis, comme le disait tout à l'heure l'honorable M. Pouyer-Quertier, l'Amérique est devenue agricole d'abord, elle devient industrielle, et nous touchons au moment où elle va devenir commerciale.

M. DEHAUT. — Elle l'est déjà !

M. LE DÉLÉGUÉ (de Joigny). — Qu'est-il résulté de cela ? — C'est que l'Amérique a envoyé d'abord des salaisons, puis des cotons, puis des blés, elle apporte déjà du fer, des métaux, et bientôt elle nous apportera de la viande. (C'est fait).

Vous voulez vous préserver contre l'invasion des bestiaux américains en les frappant d'un droit ; je suis de votre avis et je crois qu'en effet vous arriverez à un bon résultat, mais quant à vouloir mettre un droit sur les blés, cela vous est impossible, parce que vous ne trouverez pas un gouvernement quel qu'il soit, qui consente à établir un tel impôt ! (Protestations).

Ah ! Messieurs, il ne faut pas se faire d'illusions, je parle ici devant des gens sérieux et je crois de mon devoir de leur dire ce que je considère comme la vérité.

Un membre. — Le gouvernement, c'est nous !

M. LE DÉLÉGUÉ (de Joigny). — Non, ce n'est pas nous, si c'était nous je crois que nous ferions de bonnes choses.... (Rires) au moins à ce point de vue.

Je parle ici en homme qui a vieilli sous le harnais et qui connaît ce dont il parle.

Je répète donc que le jour où vous présenterez ce projet à un ministre, son premier désir, son premier soin, quel que soit d'ailleurs l'accueil qu'il vous fasse, sera d'enterrer votre proposition. C'est après avoir acquis cette conviction que j'ai été et que je suis encore très-alarmé pour l'agriculture de mon pays, et c'est pour cela que je vous demande de chercher dans d'autres droits que ceux sur les céréales le moyen de relever l'agriculture française. (Interruptions).

M. DE KERJÉGU. — Ecoutez donc, Messieurs ! c'est là le vif de la question : il est très-important pour nous de savoir exactement quel est le prix de revient du blé et des bestiaux pour le cultivateur. (Très-bien !)

M. LE DÉLÉGUÉ (de Joigny). — Je crois avoir fait en agriculture, depuis vingt ans, tout ce qu'il est possible de faire. Je me suis occupé de blés, de laines, d'engraissement, et je crois avoir acquis, dans toutes ces branches, une certaine expérience ; je n'en suis guère plus avancé pour cela ; mais je puis vous affirmer une chose, c'est que j'ai toujours vu le Gouvernement venir nous casser les reins, passez-moi l'expression, au moment où nous allions prospérer ; toutes les fois qu'une denrée agricole arrivait à un prix véritablement rémunérateur, on baissait les droits d'entrée. Il en était de même pour les laines ; dès que vous arriviez à vendre votre marchandise avec quelque avantage, les droits étaient abaissés. (Mouvements divers).

Il y a une chose dont je voulais vous parler. — Vous connaissez tous l'importance des engrais dans notre pays. Eh bien, il faut avouer que la législation sous laquelle nous vivons aboutit à des résultats véritablement monstrueux. — On a découvert récemment dans le département de la Haute-Garonne un gisement de phosphate fossile ; l'exploitation en a été vendue à une compagnie anglaise, et il est absolument impossible à un propriétaire français, même habitant le pays, de s'en procurer seulement un sac !

Je dis, Messieurs, qu'en présence d'une telle situation, il y a autre chose à faire que de mettre un droit sur l'introduction du blé, droit dont vous ne pouvez pas fixer justement l'importance, car cela dépend du prix du blé qui peut varier et s'abaisser encore !

Il faut faire plus de viande et trouver de ce côté le bénéfice qui vous fera défaut d'autre part (Bruit) ; je me suis mis en relation avec le syndicat des bouchers de Paris, j'ai fait faire une sorte d'enquête sur la boucherie de Paris.

Plusieurs membres. — Et le blé ?

M. LE DÉLÉGUÉ (de Joigny). — Remarquez, Messieurs, que la boucherie de Paris se connaît en matière d'alimentation, et quand ces Messieurs sont venus nous dire qu'il fallait compter quatre ans pour que l'agriculture française fût en état de répondre aux nécessités de l'alimentation parisienne, je crois que j'ai quelque raison d'avancer ce que j'avance.

Je demande donc, comme remède, l'entrée en franchise des bestiaux âgés de moins de deux ans. (Aux voix ! aux voix !)

Plusieurs membres. — Parlez, c'est votre droit !

M. LE DÉLÉGUÉ (de Joigny). — Je propose à l'assemblée d'imposer 30 fr. par cheval. (Aux voix ! aux voix !)

Voix nombreuses. — Et la question du blé ?

M. LE PRÉSIDENT. — Je dois rappeler à l'orateur que nous avons à nous occuper en ce moment du principe de l'impôt sur le blé. (Très-bien ! très-bien !).

M. LE DÉLÉGUÉ (de Joigny). — Alors je dirai simplement ceci : c'est que je trouve qu'il est facile de chercher dans des impôts autres que celui sur les blés la compensation de ce que j'enlève en demandant la suppression. Voilà pour le principe, je me réserve de reprendre la parole si l'Assemblée veut discuter ce système. (Mouvements divers.)

Un membre. — Je serais assez partisan, quant au fond, des idées qui viennent d'être soutenues, mais j'y vois un grand inconvénient; lorsque les blés entreront en franchise, lorsque l'agriculteur ne trouvera plus dans cette culture un prix rémunérateur de son travail, il ne produira plus de blé et nous serons alors tributaires de l'étranger.

Quelques membres. — C'est cela ! Très-bien !

Un membre. — Avec le système contraire, on encouragera la culture, on fera des efforts, on perfectionnera l'outillage et nous arriverons à nous suffire à nous-mêmes, et même peut-être à produire au-delà de nos besoins. — Avant que nous allions nourrir l'Angleterre, les prix étaient plus bas et nous suffisions à notre consommation ; nous pourrions donc, au besoin, produire plus qu'il ne nous faut. (Très-bien! aux voix !)

M. le Président. — Vous venez d'entendre parler ici des hommes compétents et vous venez de voir qu'ils ne sont pas du tout d'accord sur la question des tarifs, notamment en ce qui concerne les tarifs à appliquer aux bestiaux. Il serait donc préférable de nommer une commission, si vous ne voulez pas décider vous-même.

Un membre. — Soumettez la question au gouvernement.

Un autre membre. — A quoi bon renvoyer toujours au gouvernement qui n'y entend rien ? Faites-donc vos affaires vous-mêmes ? (Bruit prolongé).

M. le Président. — Veuillez faire un peu de silence, Messieurs. Puisque l'assemblée ne me paraît pas d'avis de nommer une commission, nous allons reprendre les choses où nous les avions laissées et soumettre au vote les différentes propositions qui ont été faites.

La première est celle de M. de Moustier qui propose de fixer à 3 francs le montant des droits sur le blé. Je vais mettre cette proposition aux voix si l'assemblée trouve que la question est suffisamment élucidée.

M. de Moustier. — Je ne crois pas que l'on puisse

combattre le principe de l'impôt sur les blés et voici pourquoi.

Les blés américains, quel que soit le chiffre que vous adoptiez, peuvent nous arriver, pendant longtemps encore à 20 fr. le quintal, même moins au port du Havre.

Or, il est constant qu'avec les systèmes de culture les plus perfectionnés, grâce aux charges qui pèsent sur nous, nous ne pouvons pas produire de blé à moins de 25 fr. — Il en résulte donc, pour l'agriculteur français, une perte de 5 ou 6 francs qu'il ne lui est plus possible de combler. (Très-bien !)

Il me sera très-facile de vous prouver que, aujourd'hui, bien que nous n'ayons pas de droit compensateur, le consommateur paie le pain beaucoup plus cher qu'il ne devrait le payer. (C'est vrai ! très-bien !) Un fait existe depuis la suppression de la taxe sur la boulangerie, il s'est fondée ici 2,000 boulangeries il n'y en avait guère que 800 du temps de la taxe. Or qui est-ce qui paie tous ces frais d'installation, de création des boulangeries nouvelles? C'est le consommateur.

M. Lothelain. — Il y a un fait que personne n'a signalé et qui est cependant général. Le consommateur se préoccupe toujours du prix de revient du pain et jamais de celui du blé. Il dit : « Voici un paysan qui vend pour 25, 50, 100 fr., » absolument comme si cela ne lui avait rien coûté. Vous avez même vu un journaliste célèbre écrire cela ces jours derniers.

Il est parfaitement établi par les chiffres fournis, que le blé américain peut nous arriver au Havre au prix de 18 ou 20 fr. les 100 kilog. ; je parle des meilleures qualités ; or, l'enquête qui a été faite en France en 1868, a prouvé que le blé ne pouvait pas être produit à moins de 21 fr. l'hectolitre.

Depuis cette époque, j'ai vu un travail fait par M. Barral sur la plus belle de nos fermes, celle de M. Fiévé. D'après M. Barral, le blé reviendrait là à 16 fr. 50 l'hectolitre, mais j'ai relevé plusieurs erreurs ; tout compte fait, il revient à 23 fr. rien que pour le fermier, il faut, en outre, compter l'intérêt du capital employé à 5 %.

Je crois, qu'aujourd'hui, quelles que soient les conditions, il est impossible de produire à moins de 22 ou 23 francs. (Très-bien !)

En 1878, comme on l'a dit ce matin, les blés de choix valaient, à Paris, 31 fr. 50, la récolte avait été moyenne et suffisante pour la consommation.

En 1879, la récolte est mauvaise et le blé vaut 28 fr. 50; — d'où cela vient-il? — de ce que d'immenses quantités de blés nous sont envoyées de l'étranger. Il y a donc une différence de 3 fr. sur une bonne récolte. Mais que voulez-vous que les Américains fassent de leur blé? ils nous l'envoient. — Mais ce qu'il y a de plus remarquable, c'est qu'une différence de 3 fr. sur le prix du blé ne change en rien le prix du pain pour le consommateur français. Aujourd'hui que le blé est à 28 fr. 50, le pain coûte à Paris, le même prix qu'en 1878, où le blé coûtait 31 fr. 50, je l'ai vérifié.

L'ouvrier qui ne se nourrit pas que de pain, n'aperçoit pas sur le prix du pain qu'il paie une différence de 2 ou 3 fr. sur un hectolitre de blé, car il est démontré aujourd'hui que 3 francs de différence sur le prix du blé ne font presque jamais augmenter la farine; il arrive même que le blé monte en même temps que la farine baisse, parce qu'il y a un grand nombre d''intermédiaires; ils ne font pas fortune parce qu'il y a à Paris, non pas 2,000 boulangers comme on vient de le dire, mais 3,800; la différence entre le prix du blé et celui de la farine se répartit entre eux; autrefois, c'était sinon la fortune, au moins l'aisance.

Pourquoi d'ailleurs n'adopte-t-on pas de nouveaux systèmes de panification? On a proposé déjà de fabriquer du pain à cinq centimes de moins par kilo à la condition que l'on rétablirait la taxe. — On a refusé; cela est plus probant que tout le reste. On a donc intérêt à mettre des droits sur le blé; cela n'aura aucune conséquence fâcheuse sur le prix du pain, car lorsque le blé coûte 35 fr. il n'y en a pas à vendre; donc cela n'atteint pas le consommateur, et les consommateurs représentent bien au moins les 3/4 de la France.

Je crois pour ces raisons que le chiffre de 3 fr. est le chiffre minimum que l'on puisse imposer. (Très-bien! très-bien!)

M. Pouyer-Quertier. — Messieurs, la question des blés est extrêmement grave parce qu'elle touche à la base même de l'alimentation du pays.

Quel que soit le système que l'on adopte à cet égard, il ne faut pas oublier qu'il y a une chose essentielle, nécessaire, à savoir : que le pays doit être sûr avant tout de trouver en lui-même son alimentation indispensable.

Les Anglais ont livré, il est vrai, l'alimentation de leur pays à l'étranger, mais je vous ai dit tout à l'heure pourquoi : c'est qu'ils ont la marine la plus considérable du monde et qu'ils peuvent nous opposer dix navires contre un. Mais notre situation est loin d'être la même ! Comment ! on a laissé détruire par la loi de 1866 notre marine marchande, il ne nous reste plus rien que les navires subventionnés qui nous ont été imposés par les libres-échangistes qui nous écrasent, je vous demande si un pays comme la France peut rester dans une telle situation ?

Et si une guerre éclatait, je ne la désire pas, je vous accorde si vous voulez qu'elle n'est pas probable ; je sais d'ailleurs que tous les peuples sont frères, je sais qu'on a proclamé ce principe et que, depuis, jamais on ne s'est tant battu. (Rires approbatifs.) Enfin, il faut tout prévoir ; que ferait-on alors ? — Eh bien, je dis qu'il n'est pas possible pour le gouvernement français de livrer, dans de telles conditions, l'alimentation du pays à l'étranger, il ne faut pas que les champs restent incultes et que la France ne cultive annuellement que 150,000 hectares de blé !

Je le répète, si nous étions bloqués à l'ouest par l'Océan et en même temps à l'est par le continent, où irions-nous chercher du blé ! (Très-bien ! très-bien !) Il n'y a pas un Français qui ne dise : il faut avant tout nous « assurer notre pain, » le vrai pain quotidien ; celui-là, il faut qu'il soit assuré à chacun ! (Très-bien ! très-bien !)

Dans les conditions actuelles, la France est-elle certaine de pouvoir produire son blé ? On n'en est pas bien sûr en présence de la concurrence russe et surtout américaine.

Voici, en effet, un pays nouveau qui produit du blé ; il vous l'apporte au prix de 18, 19, 20 et 21 fr., rendu au Havre, si bien, qu'en somme, il vous coûte moins cher de faire venir du blé de New-York que de Bordeaux.

Il faut qu'on le sache bien, la question de distance n'est plus rien avec la grande navigation. Savez-vous que les grands navires qui apportent d'un seul chargement 7 à 8,000 sacs de blé d'Amérique, vous font payer leur transport moins cher que la petite navigation qui va d'un de nos ports dans un autre.

J'y insiste donc, il faut demander aujourd'hui au gouvernement un droit devenu indispensable, si on veut conserver l'agriculture française ; il vaut mieux, dans un intérêt national, subir un petit impôt que de livrer aux aventures l'alimentation et la production du pays.

En garantissant la production du blé, nous n'assurons pas seulement la sécurité de la France, nous ne consolidons pas seulement l'avenir de l'agriculture nationale, nous garantissons aussi le salaire de nos ouvriers.

Que leur importent, en effet, deux centimes de plus, par kilo, sur le prix du pain, s'ils sont sûrs d'avoir un salaire qui leur permette de suffire à leur alimentation.

En votant le droit sur les blés, vous aurez assuré l'indépendance du pays au point de vue de l'alimentation, cette indépendance que l'on ne doit jamais livrer à personne ; car, lorsque Dieu vous a donné des champs, des campagnes, il vous a dit : « Cultivez-les ! » vous n'avez pas le droit de les laisser stériles ! (Vive approbation.)

Je dis donc, Messieurs, qu'en vous demandant ce vote, nous nous plaçons au point de vue de l'intérêt national, de l'intérêt de nos ouvriers et de leurs salaires, que nous ne serions plus en état de leur donner, si nous n'étions pas sûrs du lendemain. Si vous n'assurez pas, pour l'avenir, le développement de votre agriculture, vous aurez porté le coup le plus funeste au salaire de nos ouvriers, que l'on défend si souvent et si mal par des théories insensées, mais que l'on n'a pas osé venir défendre ici, au milieu de nous... (Très-bien ! très-bien !) parce que l'on sait bien qu'au fond c'est le travail qui fait le salaire et que, lorsque le travail ne trouve plus un prix rémunérateur, le travail s'en ressent.

Conservez donc à l'agriculture son indépendance, assurez la production nationale et vous aurez ainsi rendu possible l'existence de nos fermes et la vie de nos fermiers ! (Très-bien et applaudissements.)

M. le Président. — Je vais mettre aux voix le chiffre de 3 fr. qui a été proposé.

Personne ne demande plus la parole.

M. Dehaut. — Si, monsieur le président, je désirerais présenter un amendement à ce chiffre, je n'ai pas l'intention de faire un discours, celui que vous venez d'entendre Messieurs, suffirait d'ailleurs à m'en ôter l'envie.

Je propose que l'on demande 2 fr. par quintal au lieu de 3. — Je m'appuie sur ce que vous aurez toujours, en dehors du droit, les surtaxes, les droits de pavillon.... etc... Le chiffre que je propose en dehors du tarif douanier, avec les décimes approcherait de 3 francs.

Réfléchissez bien que 1 fr. de moins sur notre demande 2 fr. au lieu de 3, cela aura une importance énorme. (Nombreuses réclamations).

Soyez sûrs qu'avec les surtaxes par hectolitre, avec les droits de pavillon, les décimes, etc... vous atteindrez le chiffre de 3 fr., je ne développerai pas plus longuement ma pensée, mais j'insiste pour que l'on ne demande que 2 fr. par quintal. (Agitation).

M. Lhotelain. — On vient de nous dire, un droit de 2 fr. avec les décimes, surtaxes, etc..., arrivera presque à 3 fr. Mais vous n'ajouterez pas de décimes ni de surtaxes! Le gouvernement comprendra bien, je suppose, que le droit de 3 fr. que nous réclamons ne doit pas être grevé encore d'un décime. (Bruit).

Une voix. — Alors cela reviendra au même.

M. Lhotelain. — J'affirme qu'il résulte de tous nos calculs sur le prix de revient du blé que l'écart est de plus de 3 fr. Le droit que nous réclamons est notre seule planche de salut; nous maintenons le chiffre de 3 fr. qui, suivant nous, n'a rien d'exagéré. (Adhésion).

M. le Président. — Il n'y a pas d'opposition? Je mets aux voix la proposition de M. de Moustier qui tend à fixer à 3 fr. le droit sur les blés, compris les surtaxes de pavillon.

M. Pouyer-Quertier. — Je vous demande pardon, mais il n'y a pas, à l'heure qu'il est, de surtaxe de pavillon. Il n'y a de surtaxe que lorsqu'un produit passe par les entrepôts, mais quand un navire américain ou français nous apporte directement d'Amérique en France des produits américains, il n'y a aucune surtaxe.

Plusieurs membres. — Mais si ! (Bruit).

M. Pouyer-Quertier. — Songez que dans ce moment d'ailleurs vous ne faites pas un tarif, vous dites seulement que votre désir est que le droit de 3 fr. comprenne la totalité des charges qui doivent peser sur les céréales entrant en France.

Or, je répète qu'au moment où je parle, les produits venant directement d'Amérique ne payent aucune surtaxe, c'est pourquoi je vous demande de voter un droit fixe de 3 fr. disparaissant lorsque le prix du blé aura atteint 30 fr. et au-dessus.

M. Dehaut. — Je suis persuadé que M. Pouyer-Quertier fait erreur, je lisais ce matin encore le tarif, et il est ainsi fixé :

Pour les navires français	0 fr.	60
Pour les navires étrangers. . . .	1	60

M. Pouyer-Quertier. — Vous savez bien ce que c'est que le tarif des douanes, c'est une espèce de grimoire dans lequel il est extrêmement difficile de se reconnaître. (Hilarité générale).

Dans le cas dont nous parlons, le navire étranger est assimilé au navire français.

Voici comment s'établit la distinction.

Si un navire suédois, allemand, danois ou hollandais, ayant pris aux Etats-Unis un chargement de blé, entre dans le port du Havre, il est en effet considéré comme étranger, mais si le navire est chargé de produits appartenant à la production de son pays, il n'est pas considéré comme étranger et il est traité comme les nationaux ; on ne le frappe d'aucune surtaxe.

Nous entendons dire par notre proposition, qu'il n'y a rien à ajouter au montant du droit.

Un membre. — Je crois qu'il est indispensable d'appeler l'attention de l'assemblée sur un point qu'elle semble oublier.

Il existe en ce moment dans le tarif douanier, un droit appelé *droit de balance*, de 0 fr. 60 et qui est payé par l'importateur à l'entrée au port.

Je vous demande donc, pour répondre à l'intention de M. Pouyer-Quertier, de vouloir dire que le droit de balance se confondra, ainsi que tous les droits de douane, avec le droit nouveau.

Cette déclaration me paraît nécessaire, car sans cela, vous voteriez un droit s'élevant à plus de 4 fr., croyant ne voter qu'un droit de 3.

M. le Président. — Nous sommes d'accord ; ce droit de 3 fr. renfermera tous les autres.

Un membre. — Il faudrait savoir d'abord si ce droit sera immuable ou s'il pourra être momentanément retiré.

Un autre membre. — Nous demandons que la question ne soit pas scindée. (Adhésion).

M. le Président. — Soit ! alors je vais mettre en même temps les deux questions aux voix. — Le droit serait de 3 fr. tout compris jusqu'à ce que le blé ait atteint le prix de 30 fr.; au-delà il serait absolument supprimé ?

M. Pouyer-Quertier et plusieurs membres. — C'est cela ! c'est bien là notre pensée.

Un membre. — Avant le vote, je désire dire un mot sur la question du maximum.

Le principe du maximum me paraît très-juste, dans l'intérêt des classes laborieuses, mais il constitue une entrave pour le commerce, car lorsque le blé sera à 31 fr., il n'y aura plus de droit et, les blés étrangers entrant librement, il se produira nécessairement une baisse.

D'où il résulte que si un commerçant a fait un achat de blé au-dessus de 30 francs et que, dans l'intervalle qui s'écoule de l'achat à la vente, une baisse imprévue... (Exclamations.)

Un membre. — Il se tiendra au courant !

Un autre membre. — Aujourd'hui il n'y a rien d'imprévu avec le télégraphe ! (Bruit !)

M. le Président. — Concluez ! présentez un amendement.

Un membre. — Je désirerais que le gouvernement eût le pouvoir, lorsque le blé atteindra un certain prix, non pas 30 francs, je voudrais un chiffre supérieur, 35 ou 40 par exemple, de restreindre la perception de ce droit dans la mesure qu'il jugerait convenable, mais cependant sans le supprimer absolument.

Je crois que si l'on n'agit pas ainsi, le commerce ne saura plus à quoi s'en tenir. (Dénégations, —)Aux voix ! aux voix !)

M. le Président. — Je crois que la question est vidée. — Personne ne demande la parole? Je mets aux voix la proposition ainsi formulée :

1. Le droit d'entrée est fixé à 3 francs, tous droits compris.

2. Suppression totale du droit lorsque le blé aura atteint le prix de 30 francs.

(La proposition mise aux voix, est adoptée par l'assemblée à l'unanimité des membres votants.)

M. de Lordat. — Vous venez, Messieurs de vous prononcer sur une question très-grave, celle des blés, mais il y a une autre question qui n'a pas une importance moindre pour toute une région dont je suis à peu près ici le seul représentant, le Midi, — je veux parler de la question du maïs.

Le maïs est employé chez nous, tant pour l'alimentation que pour l'élevage des bestiaux. Je crois donc qu'il y aurait lieu de s'occuper un peu de cette question, je ne fais que vous la soumettre, mais quoi qu'il arrive, je fais mes réserves pour la région du Midi. (Bruit.)

M. Dehaut. — Si nous entrions dans cette voie, il faudrait traiter toutes les questions particulières : avoines, seigles, orges... cela n'est pas possible ! (Très-bien ! très-bien ! Adhésion unanime.)

M. de Lordat. — J'ai fait mes réserves, je n'insiste pas.

M. le Président. — Avant de nous séparer, il serait peut être bon de dire quelques mots destinés à préciser la portée de notre réunion avant de lever la séance ; il serait bon qu'il sortît quelque chose de pratique de notre longue discussion d'aujourd'hui.

Je ne doute pas que les questions que nous avons traitees ici aient été parfaitement comprises par les hommes éminents qui ont bien voulu venir nous écouter ce matin, mais cela ne suffit pas, il faut encore qu'elles soient comprises par le pays, il faut que la partie éclairée de nos départements saisisse bien le but de notre réunion et ratifie le vote que vous venez d'émettre, approuve le résultat que vous venez d'obtenir ; en un mot, il faut que l'unité d'action existe bien moralement et matériellement, et que notre union se cimente dans une pensée commune (Très-bien ! très-bien !)

Eh bien, Messieurs, en rentrant chez vous, pour reprendre vos travaux, au milieu de vos populations, vous avez un moyen facile de faire triompher parmi elles la doctrine saine et vraie que vous avez courageusement proclamée par votre vote.

Vous allez avoir bientôt la réunion des conseils municipaux, vous aurez là une nouvelle occasion d'éclairer le gouvernement qui est plein de bonne volonté, mais qui a besoin de vos conseils. Soumettez donc à chaque conseil les questions que nous avons discutées, car vous savez que les conseils municipaux ont le droit d'émettre des vœux qui touchent aux intérêts communaux.

Tel est le moyen d'action que je vous offre, je le livre à votre appréciation (Très-bien ! très-bien !)

On parle de vastes pétitionnements, cela est inutile ; que chacun de vous aille disant partout : Pas de traités de commerce !

La question va revenir devant les Chambres, nous y avons des amis, et vous ne doutez pas que M. Pouyer-Quertier, par exemple, ne fasse devant le Sénat ce qu'il a fait ici, avec cette différence qu'il sera bien autrement fort lorsqu'il aura derrière lui les vœux émis par 300 Comices de France.

Vous pouvez, pour votre part, faire pénétrer votre pensée dans chaque canton, dans chaque commune ; c'est encore un moyen de donner une sanction à notre réunion d'aujourd'hui. Tâchons de faire une œuvre durable, de façon que, lorsque les questions qui nous ont occupés ce matin seront débattues, nous puissions dire : le pays veut ceci, le pays veut cela, et le sentiment public viendra se joindre à notre appréciation, pour lui donner plus de force et aider à l'œuvre que nous avons entreprise ! (Bravos et applaudissements.)

Il me reste maintenant, Messieurs, à vous donner lecture de la liste des membres représentant les douze régions agricoles et qui seront délégués demain auprès de M. le Président de la République, et ensuite auprès de M. le ministre de l'agriculture et du commerce.

Cette députation se composera du président et de MM. Boulenger, Bugnet, Dumont, Marc-Dehaut, Poletnich, de Pommereu, Houssard, d'Andelarre, de

Miramon, Aclocque, de Lordat, de Saint-Victor, de Kerjégu, Jules Aveniez, de Chateauvieux, de Felcourt.

M. le Délégué (de Joigny). — Il me semble, Messieurs, que le but en vue duquel notre réunion s'était constituée est loin d'être atteint.

Je demande qu'il y ait, ce soir, une nouvelle réunion pour que nous complétions le travail que nous nous proposions de faire, et qui n'est pas encore achevé. (Mouvements divers.)

Je crois qu'il serait bon de se réunir ce soir pour régler, entre autres choses, les droits de douanes dont nous ne nous sommes pas occupés. (Réclamations de divers côtés.)

M. le Président. — Si l'assemblée le désire, il est très-facile de se réunir ce soir, demain ou même lundi, si vous le désirez. (Oui ! — Non ! — Agitation.)

M. le Président. — La majorité des membres de cette assemblée me paraît hostile à l'idée d'une prochaine réunion... (Oui ! oui !) Je crois, en effet, que le vote sur la proposition de M. Pouyer-Quertier a tranché la question. (C'est cela ! très-bien !)

Par conséquent, je ne pense pas qu'il y ait lieu de continuer plus longtemps nos travaux, à moins qu'il ne surgisse de nouvelles propositions.

M. Pluchet. — Je demande à M. le Président de vouloir bien faire adresser à tous les membres présents le compte-rendu de cette réunion. Je crois que ce serait, pour nous, un des meilleurs modes d'action sur les populations.... (Oui ! oui !) adhésion unanime.) J'insiste donc pour que le compte-rendu soit envoyé à tous les adhérents.

Maintenant, il me semble que, pour couvrir les frais de cette réunion, on pourrait demander à chacun des Comices qui sont représentés ici une certaine somme équivalente aux déboursés ; il ne faut pas que le Comice de Dieppe supporte toutes les charges. (Très-bien ! très-bien !)

On pourra donc, à la suite du compte-rendu qui nous sera adressé, inscrire le chiffre de la cotisation à payer par chaque Comice pour le remboursement des frais. (Très-bien ! et applaudissements.)

Avant de nous séparer, je tiens à remercier M. le Président et MM. les membres du bureau de la façon habile et impartiale dont ils ont dirigé les débats, et en même temps le Comice de Dieppe pour la généreuse initiative qu'il a bien voulu prendre en provoquant cette réunion.

J'espère que l'assemblée voudra bien s'associer unanimement aux sentiments que je viens d'exprimer. (Applaudissements répétés.)

M. le Président. — Il ne me reste plus maintenant, Messieurs, qu'à vous remercier et à vous dire combien j'ai été touché de l'honneur que vous m'avez fait ce matin en m'appelant à la présidence de cette réunion.

Je vous remercie encore et vous dis au revoir, en vous assurant que tous mes vœux vous accompagnent. (Bravos et applaudissements.)

Il n'y a pas d'opposition aux propositions qui ont été faites relativement au compte-rendu ? (Non ! non !)

Voulez-vous que le compte-rendu soit imprimé sous forme de brochure ?

(Oui ! oui ! — Adhésion unanime !)

Personne ne demande plus la parole !

La séance est levée à cinq heures quarante-cinq.

LES DÉLÉGUÉS A L'ÉLYSÉE.

Le dimanche 30 mars, à dix heures du matin, M. Estancelin et les délégués des sociétés agricoles de France, représentant les douze régions agricoles du pays, ont été reçus par M. Grévy, président de la République, au palais de l'Elysée.

M. Estancelin, en présentant à M. Grévy les seize délégués qui l'accompagnaient, s'est exprimé ainsi :

« Monsieur le président,

« Je regrette que vous n'ayez pas entendu hier les applaudissements qui ont salué mes paroles quand j'ai dit au milieu de l'Assemblée générale des Sociétés agricoles de France avec quelle sollicitude vous avez bien voulu m'écouter alors que je vous exposais, il y a quelques jours, les plaintes de l'agriculture de notre pays.

« Je n'en avais pas été surpris. Connaissant votre patriotisme, je savais, lorsque vos concitoyens vous ont élevé à la plus haute dignité de la République, que vous apporteriez dans la direction des affaires cette bienveillance, cette droiture, cette sollicitude éclairée pour les grandes questions qui s'agitent dans le pays dont vous avez, depuis si longtemps déjà, donné des preuves éclatantes.

« C'est, fort de cette conviction, que j'ai l'honneur de vous présenter les délégués de l'agriculture de soixante départements, et de vous transmettre les résolutions économiques prises hier dans leur réunion, à la presque unanimité ; vous y trouverez la preuve des dangers sérieux qui menacent la plus utile de nos industries, et nous espérons que vous voudrez bien prendre en sérieuse considération les vœux dont nous vous apportons l'expression. Ils sont dictés par les nécessités d'une situation qui s'impose, et inspirés par le plus vif patriotisme.

« Sur ce terrain commun, tous les hommes d'ordre, respectueusement soumis aux lois de leur pays, n'ont qu'un but et qu'une pensée : nous espérons que votre puissante coopération ne nous fera pas défaut. »

M. le président de la République a prié M. Estancelin et les délégués de lui exposer, avec quelques développements, les vœux et réclamations de l'agriculture, de l'éclairer sur les causes de la crise qu'elle traverse, et de lui indiquer les moyens d'y remédier.

M. Estancelin a fait remarquer alors à M. Grévy que les résolutions prises par l'assemblée qu'il avait présidée précisaient très-nettement les *desiderata* des agriculteurs, et que ceux-ci s'estimeraient très-heureux si on leur donnait satisfaction sur ces points :

« Vous avez d'ailleurs devant vous, monsieur le président, a-t-il ajouté, les représentants des douze régions agricoles de France. Le Nord s'est entendu avec le Var, les Vosges avec les Côtes-du-Nord, la Seine-Inférieure avec les Bouches-du Rhône; c'est toute la France agricole qui est en ce moment devant vous et se fait entendre par l'organe de ses représentants les plus autorisés. »

M. le président de la République s'est déclaré très-frappé de cette harmonie qui existe entre toutes les sociétés agricoles de France, et il a invité quelques-unes des personnes présentes à le renseigner sur la situation agricole de chaque région.

M. de Kerjégu, député des Côtes-du-Nord, a pris le premier la parole, et M. Grévy l'a écouté avec la plus bienveillante attention.

MM. Dehaut, de Felcourt, d'Andelarre, etc., etc., ont exposé leurs vues, et une conversation générale s'est engagée.

Avant de terminer cet entretien, M. le président de la République a déclaré en termes exprès: « Qu'aucun » traité de commerce n'était sur le point d'être signé et » qu'aucun traité ne serait signé avant d'être soumis à » l'entière et libre discussion des Chambres. »

Cette déclaration a été accueillie avec une grande faveur, et les délégués se sont retirés enchantés de l'accueil qu'ils ont trouvé auprès de M. Grévy.

Ils ont été porter ensuite à M. le ministre de l'agriculture et du commerce, ainsi qu'à M. Waddington, Président du Conseil des ministres, ministre des affaires étrangères, les résolutions qu'ils venaient de faire connaître à M. le Président de la République.

Voici le texte de la pétition qui a été remise à M. le Président de la République :

ASSEMBLÉE GÉNÉRALE DES DÉLÉGUÉS DES SOCIÉTÉS AGRICOLES DE FRANCE.

Paris, le 30 mars 1879.

A Monsieur le Président de la République.

MONSIEUR LE PRÉSIDENT,

Les Comices agricoles de plus de soixante départements de France se sont réunis hier, au Grand-Hôtel, en assemblée générale.

La réunion, après avoir constitué son bureau, a adopté les résolutions suivantes que nous avons l'honneur, en son nom, de porter à votre connaissance :

1° Aucun traité de commerce ne sera renouvelé ou conclu, mais un tarif général sera établi sous forme de loi ;

2° Les taxes douanières réclamées par l'assemblée seront appliquées à la réduction des impôts indirects qui frappent les objets de consommation, notamment les boissons et les sucres ;

3° Dans tous les cas, l'agriculture ne sera pas livrée seule à la libre concurrence des produits étrangers ; mais elle sera l'objet de mesures protectrices égales à celles dont bénéficierait l'industrie ;

4° Tous les produits agricoles étrangers seront soumis à un droit compensateur égal à la somme des impôts de toute nature payés par les produits similaires français ;

5° Le quintal de blé venant de l'étranger sera frappé d'un droit de 3 francs tant que le prix du blé n'aura pas atteint 30 francs.

Nous avons l'honneur d'être, Monsieur le Président, avec respect, vos très-humbles serviteurs.

Le Président de l'Assemblée des Délégués,

ESTANCELIN (Seine-Inférieure).

Les Délégués des douze régions agricoles,

D'ANDELARRE (Haute-Saône). — AVENIEZ (Loire-Inférieure). — BUIGNET (Seine-et-Marne). — DUMONT (Oise). — DE FELCOURT (Marne). — DE KERJÉGU (Finistère). — MARC DEHAUT (Haute-Marne). — DE MIRAMON-FARGUES (Cantal). — DE LORDAT (Aude). — DE POMMEREU (Eure-et-Loir). — POLETNICH (Aube). — DE SAINT-VICTOR (Rhône).

Voici les noms des départements et des villes dont les Sociétés d'Agriculture et les Comices Agricoles ont été représentés à Paris, ont adhéré aux résolutions du Comice de Dieppe ou ont exprimé des vœux analogues.

Les observations faites par quelques Sociétés et Comices ont été transmises à M. le Ministre de l'Agriculture.

Aisne, — Allier, — Ardèche, — Ardennes, — Ariége, — Aube, — Aude, — Aveyron, — Bouches-du-Rhône, — Calvados, — Cantal, — Corrèze, — Corse, — Côte-d'Or, — Côtes-du-Nord, — Dordogne, — Doubs, — Eure, — Eure et-Loir, — Finistère, — Gard, — Haute-Garonne, — Gers, — Ille-et-Vilaine, — Indre-et-Loire, — Isère, — Jura, — Loir-et-Cher, — Loire, — Haute-Loire, — — Loire-Inférieure, — Loiret, — Lot, — Lot-et-Garonne, — Lozère, — Maine-et-Loire, — Marne, — Haute-Marne, — Mayenne, — Meurthe-et-Moselle, — Meuse, — Morbihan, — Nièvre, — Nord, — Oise, — Pas-de-Calais, — Puy-de-Dôme, — Pyrénées-Orientales, — Rhône, — Haute-Saône, — Saône-et-Loire, — Sarthe, — Savoie, — Seine-Inférieure, — Seine-et-Marne, — Seine-et-Oise, — Deux-Sèvres. — Somme. — Tarn, — Tarn-et-Garonne. — Var, — Vaucluse, — Vendée, — Vienne, Haute-Vienne, — Vosges. — Yonne.

Agen, — Aix-en-Provence, — Aixe-en-Vienne, — Albi, — Amiens, — Andelot, — Angers, — Apt, — Argentré, — Arles, — Auch, — Autun, — Avallon, — Aveyron (Société), — Avignon.

Bailleul, — Bar-le-Duc, — Bastia, — Beaugé, — Beaume-les-Dames, — Bégonhez, — Bernay, — Blois, — Bonnétable, — Boulogne-sur-Mer, — Bourgoin, — Brest, — Briey, — Brives, — Bourgneuf-en-Retz.

Caen, — Cambrai, — Carcassonne, — Carpentras, — Cassagne, — Carquefou, — Chambéry, — Champs, — Chartres, — Castelnaudary, — Chateaudun, — Château-Chinon, — Châtillon-sur-Seine, — Château-Neuf, —

Château-Thierry, — Chinon, — Civray, — Clermont (Oise), — Clermont-Ferrand, — Compiègne, — Commercy, — Craon, — Chantonnay.

Damville, — Dijon, — Doullens, — Dreux, — Dunkerque, — Durtel.

Egletons, — Epinal, — Epernay, — Evreux.

Fayl-Billot.

Gien, — Givors, — Grandvilliers, — Grenoble, — Guérande.

Le Havre. — Hazebrouck.

Issoudun.

Joigny.

Lacavalerie, — Laon, — Landerneau, — Landivy, — Lannion, — Lille, — Limoges, — Lisieux, — Locminé, Loiron, — Longué, — Lunençon, — Lunéville, — Luxeuil, — Lyon.

Machecoul, — Le Mans, — Marvéjols, — Les Maufaits, — Mamers, — Marseille, — Mantes-sur-Seine, — Marle, Mayenne, — Mellé, — Melun, — Milhau, — Montsalvy, — Montdidier, — Moutiers, — Montmédy, — Morlaix, — Montmirail, — Montbrison, — Montauban, — Moulins.

Nantes, — Narbonne, — Neufchâteau, — Neufchâtel, — Nîmes.

Orléans.

Perpignan, — Périgueux, — Pléaux, — Peyreleau, — Plestein, — Ploërmel, — Pleurtuit, — Plouguenast, — Précy-sous-Thil, — Pontvallain, — Pouzauges, — Poligny, — Pouilly-en-Auxois, — Ploudiry, — Le Puy. — Rethel, — Rennes, — Riom, — Ribérac, — Reims, — Rouen, — Rocroy, — Rodez, — Rochechouart, — Rochefort-en-Terre, — Romorantin.

Saint-Dizier, — Sainte-Menehould, — Saint-Georges,

Saint-Thégonnec, — Saint-Dié, — Saint-Girons, — Saint-Etienne-de-Montluc, — Saumur, — Sainte-Suzanne, — Saint-Philbert-de-Grandlieu, — Semur, — Sens, — Sezanne, — Sedan, — Saint-Genest-Malifaux, — Senlis, — Saint-Jean-de-Bournay, — Saint-Mars-la-Jaille, — Soissons, — Saint-Fulgent, — Séverac-le-Château, — Saint-Sulpice-les-Feuilles, — Salers, — Saignes, — Les Sables-d'Olonne.

Talmont, — Tinteniac, — Tonnerre, — Toul, — La Tour-du-Pin, — Tréguier, — Troyes, — Toulon, — Tours, — Toulouse.

Versailles, — Vesoul, — Vervins, — Vannes, — Valenciennes, —Vayrac, — Vigeois, — Villeneuve-sur-Lot, — Vendôme, — Vitry-le-Français, — Var (Société), — Verdun, — Vouziers, — Vassy.

Yvetot.

N. B. — Bien qu'il nous arrive chaque jour des adhésions de tous les points de la France, nous sommes obligés de clore ici cette liste et de la laisser incomplète pour ne pas retarder l'impression de la brochure.

29 avril 1879.

ERRATUM

Une erreur de nom a fait attribuer à M. Lhotelain, président du Comice de Reims, la discussion reproduite aux pages 82 et 102.

M. Lhotelain nous fait savoir qu'il n'a réellement pris la parole à l'Assemblée qu'à la page 91.

www.ingramcontent.com/pod-product-compliance
Ingram Content Group UK Ltd.
Pitfield, Milton Keynes, MK11 3LW, UK
UKHW020350230726
13925UKWH00003B/1053

9 782014 040234